U0193304

崔玉涛漫画育儿

科学喂养这样做

崔玉涛 刘小麦 绘

中信出版集团 | 北京

图书在版编目（CIP）数据

崔玉涛漫画育儿. 科学喂养这样做 / 崔玉涛著；刘
小麦绘. -- 北京：中信出版社, 2022.5（2024.12 重印）
　ISBN 978-7-5217-3918-3

　Ⅰ. ①崔… Ⅱ. ①崔… ②刘… Ⅲ. ①婴幼儿 – 哺育
– 基本知识 Ⅳ. ①TS976.31

　中国版本图书馆CIP数据核字（2022）第007941号

崔玉涛漫画育儿·科学喂养这样做

著　者：崔玉涛
绘　者：刘小麦
出版发行：中信出版集团股份有限公司
　　　　（北京市朝阳区东三环北路27号嘉铭中心　邮编　100020）
承 印 者：北京联兴盛业印刷股份有限公司

开　本：787mm×1092mm　1/16
印　张：12.5
字　数：150 千字
版　次：2022 年 5 月第 1 版
印　次：2024 年 12 月第 4 次印刷
书　号：ISBN978-7-5217-3918-3
定　价：59.00 元

崔玉涛养育中心策划团队
内容编辑：刘子君　李淑红　樊桐杰　于永珊

出　品　中信儿童书店
图书策划　小飞马童书
策划编辑　赵媛媛　马晓婧
责任编辑　陈晓丹
营销编辑　胡宇泊
美术设计　姜婷
内文排版　北京沐雨轩文化传媒

做儿科医生这近 40 年的时间,让我领悟到了"大医治未病"的真谛,也意识到了健康科普宣教的真正重要性。而在通过各种渠道、各种方式坚持科普的这 20 余年时间里,我又渐渐明白了一件事情:如果想要"养好孩子",就得先"育好家长"。

而这个"育",并非只是讲明原理、传授方法,还要帮助年轻的家长还有家中的长辈们,从心态上真正成为一名父亲、母亲或祖父母、外祖父母。毕竟,孩子天生就是孩子,但家长并非天生就是家长,因此这个刚刚完成社会角色转变的群体,更需要迅速地学习与适应,也更需要我们的帮助。

为了能为家长们提供从心态到知识,再到方法上的全面指导,几年前我和团队共同努力,出版了一本《崔玉涛育儿百科》,图书上市后,承蒙大家厚爱,得到了还不错的反响。

有不少读者朋友笑称:"这本书可以'镇宅',有问题时查一查,很实用!"听到这样的评价,我们一方面感谢大家的肯定,另一方面也体会到了这本书给读者带来的"压力"。毕竟这是一本 600 多页的大部头,这样的厚重固然能给读者带来安心,但也确实掠走了一部分阅读的乐趣。

就算是为了与《崔玉涛育儿百科》形成互补吧，我和团队伙伴以及出版社的同人们，又共同策划了这套《崔玉涛漫画育儿》，希望能用漫画结合知识的形式，为大家提供更轻松的阅读体验。

我们结合读者的反馈以及近几年临床的经验，选择了近 300 个被家长们高频关注的知识点，以科学喂养、日常养育、健康护理三个维度进行分类，形成三本分册。

在这本科学喂养分册中，包括与母乳喂养、配方粉喂养、辅食添加等主题相关的一系列知识，其中既有原理与原则，也有可供大家立即参照执行的方法。

俗话说"民以食为天"，而对于婴幼儿来说，吃的意义又更甚一层，不仅关乎营养和生长，更在深层次上决定着孩子的发育与心理。所以，如何吃对、怎样吃好，又该用什么方式正确评估孩子吃后的效果，是每个父母都需要关注的课题。我也真诚地希望，大家能从这本科学喂养分册中，为自己的喂养生活找到建议，也为自己的困惑找到答案。

目 录

第一部分

母乳喂养

我们一直提倡纯母乳喂养，那么母乳喂养到底有哪些优势？母乳喂养怎么喂？母乳喂养时你都遇到过哪些问题？这里有答案！

《中国居民膳食指南（2016）》明确指出：母乳是宝宝最理想的食物，能够为 6 个月以内的宝宝提供所需的全部液体、能量和营养素。因此妈妈在产后应尽早开奶，努力实现母乳喂养。

母乳中富含优质蛋白质，其中 70% 为乳清蛋白，它可溶性高，容易被宝宝消化吸收。而且，乳清蛋白中含有的 α - 乳清蛋白、乳铁蛋白、溶菌酶和分泌型免疫球蛋白 A（SIgA），是人乳中特有的免疫因子，可以提高宝宝的免疫力。

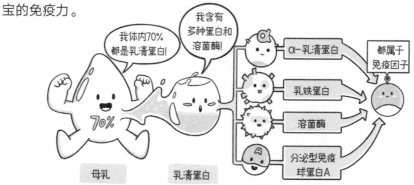

母乳中含有丰富的脂肪，不仅可为宝宝提供至少 50% 的能量，还能促进大脑和视力发育，增强免疫力。

母乳中富含人乳独有的低聚糖，它能增强宝宝肠道消化功能，促使免疫系统成熟，还有助于软化大便，缓解便秘。

在哺乳过程中，妈妈皮肤上的需氧菌和乳腺管中的厌氧菌，会随着乳汁一起进入宝宝的肠道，形成能够保护宝宝健康的肠道菌群。

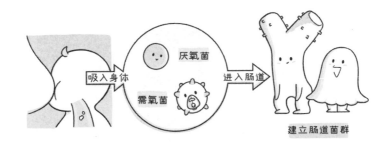

因此，准妈妈生产后，应尽可能保证宝宝第一口食物是母乳，并尽可能在至少 6 个月内坚持母乳喂养。这不仅能够给宝宝提供充足的营养，而且有利于增进亲子关系，促进宝宝心理健康。

不要轻易给宝宝添加配方粉。配方粉只是不能进行母乳喂养时的无奈选择，比如宝宝患有某些代谢性疾病，妈妈患有某些传染性或精神性疾病，妈妈乳汁分泌不足或无乳汁分泌，等等。

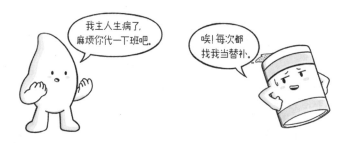

值得一提的是，宝宝出生后体重减轻大多是生理现象，只要体重下降不超过出生体重的 7%，就不用过于担心，可以在医生指导下坚持母乳喂养。一般来说，足月出生的健康宝宝，自身储备的能量可满足出生后 3 天所需。

母乳中的营养素都有什么?

·母乳富含多种营养素,是宝宝最好的口粮。
·母乳中的活性营养物质,能提高宝宝免疫力。
·纯母乳喂养的宝宝要注意额外补充维生素 D。

知识点

　　母乳中的蛋白质包括乳清蛋白和酪蛋白,其中的活性蛋白可以帮助宝宝建立和维持正常的肠道菌群,促进肠道成熟和消化吸收,提升免疫力。

　　母乳中的脂肪能为宝宝生长提供充足的能量,至少 50% 的能量都来自于此。其中的 DHA(二十二碳六烯酸)和 ARA(二十碳四烯酸)等,为宝宝神经细胞膜发育提供重要的支持。

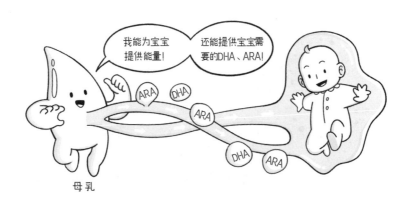

母乳中的碳水化合物包括乳糖、低聚糖，以及少量的葡萄糖。其中低聚糖是一种母乳特有的溶解性食物纤维，是肠道中的双歧杆菌、乳酸杆菌等益生菌的食物，能保护宝宝免疫力。

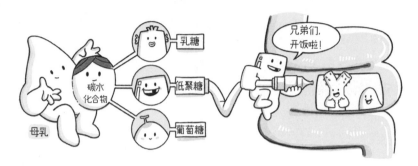

母乳中的水溶性维生素包括维生素C、B族维生素（烟酸、叶酸、泛酸、生物素）等；脂溶性维生素包括维生素A、维生素D、维生素K、维生素E和类胡萝卜素，其中维生素D含量较少，需要额外补充。

母乳中还有钙、镁、磷、钾、钠、氯等矿物质，以及铁、硒、锌等微量元素。因此母乳喂养的宝宝不需要额外补钙，不过满6个月后，要多吃含铁的辅食。

初乳，真的是越早吃越好吗？

- 初乳蛋白质浓度很高，抗体含量丰富，能预防宝宝患传染病。
- 初乳有助于宝宝建立肠道菌群，降低过敏概率。
- 母乳应作为宝宝出生后的第一口食物。

知识点

初乳，是指妈妈分娩后 5 天内分泌的乳汁。分娩 10 天后，乳汁会逐渐转化为成熟乳，初乳与成熟乳之间的乳汁称为过渡乳。初乳的颜色偏黄，蛋白质浓度很高，并且含有丰富的抗体，能够预防宝宝患传染病，降低过敏概率。

初乳
活跃期：5 天内

过渡乳
活跃期：5~10 天

成熟乳
活跃期：10 天后

妈妈分娩后，越早泌出的乳汁，其中的抗体含量越多。因此在条件允许的情况下，应鼓励妈妈在产房中就让新生宝宝开始吮吸，在产后 30 分钟内开始母乳喂养。母乳，应作为宝宝出生后的第一口食物。

7

初乳的珍贵之处，不仅在于其中所含的营养成分，还在于母乳喂养的过程。新生宝宝的肠道菌群还未建立，肠道黏膜发育还不完善，肠壁细胞之间存在一定的缝隙，导致进入肠道内的食物大分子会通过缝隙进入血液，引起过敏。

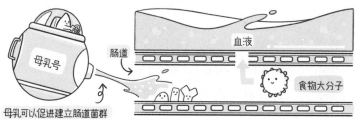

母乳喂养是有菌喂养，正好可以帮助建立新生儿肠道菌群。宝宝在吮吸时，乳头上的需氧菌也会被吃进去，它们能消耗宝宝吮吸过程中咽下去的空气，为宝宝体内厌氧的乳酸杆菌提供良好的生存条件，帮助宝宝建立肠道菌群环境。

初乳中丰富的低聚糖是肠道中益生菌的食物，能够帮助益生菌在宝宝肠道内很好地生长，分泌出能够保护肠道黏膜的物质，降低过敏的风险。而宝宝良好的肠道菌群环境，更利于母乳的消化吸收。如此便形成了一个良性循环。

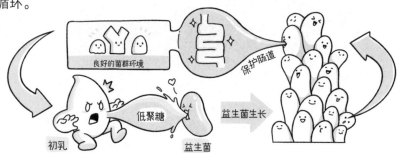

- 母乳喂养是有菌过程，宝宝吃进去的细菌对消化吸收和肠道菌群建立都有好处。
- 用消毒湿巾擦拭乳房，消毒成分也可能会被宝宝吃进肚子里，导致肠道菌群失衡。
- 哺乳前千万不要给乳房消毒，用清水擦拭即可。

很多妈妈担心乳房不够洁净对宝宝健康不利，喂奶前习惯用消毒湿巾擦拭乳房。这其实是个误区。

事实上，母乳喂养是一个有菌的过程。乳头周围的需氧菌，乳腺管内的厌氧菌，对宝宝的生长发育都是有益的。

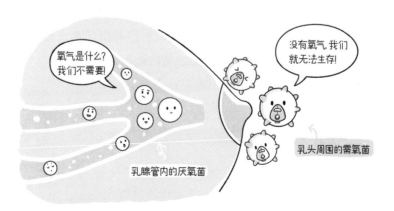

这些细菌会随着哺乳被宝宝吮吸进体内，帮助建立肠道菌群。完善的肠道菌群可以促进母乳消化吸收，刺激免疫系统成熟，降低过敏概率。

如果使用消毒湿巾，消毒成分很可能会被宝宝吃进肚子里，"误杀"肠道中的益生菌。日积月累，肠道菌群就会逐渐失调，引发肠道功能紊乱。

因此，哺乳前不需要给乳房消毒，可以将纱布巾用温水打湿擦拭。这样的话，细菌有了生存空间，宝宝的肠道菌群也就健康了。

①准备纱布巾　　　②用温水打湿　　　③擦拭乳房　　　④菌群和谐

妈妈给宝宝喂奶，哺乳姿势有哪些？

· 常见的哺乳姿势有摇篮式、交叉摇篮式、橄榄球式、侧卧式。
· 每种哺乳姿势都各有特点，妈妈可以多加尝试。
· 不管选择哪种哺乳姿势，妈妈和宝宝感觉舒服自在最重要。

知识点

面对柔嫩娇弱的新生宝宝，许多妈妈不知道该如何哺乳。若想顺利哺乳，找到适合妈妈和宝宝的姿势非常重要。

常见的哺乳姿势有：摇篮式、交叉摇篮式、橄榄球式、侧卧式。

用什么姿势哺喂呢？

摇篮式

妈妈单手将宝宝抱在胸前，让宝宝的头枕在自己的臂弯处，并用臂弯支撑宝宝的颈部，前臂支撑宝宝的脊柱，同时另一只手张开，托稳宝宝的屁股。宝宝要面向妈妈，头部高度与妈妈的乳房齐平，并尽量贴近妈妈的身体。

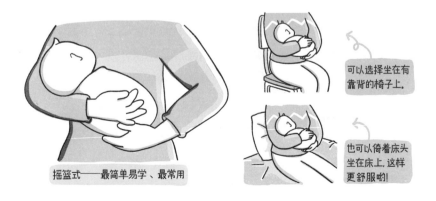

摇篮式——最简单易学、最常用

可以选择坐在有靠背的椅子上。

也可以倚着床头坐在床上，这样更舒服哟！

11

交叉摇篮式

如果宝宝面向妈妈右侧乳房躺在妈妈怀中，那么妈妈需要用左手托住宝宝，以前臂支撑宝宝的背部，并用手掌托住宝宝的头，右手帮助他寻找乳头。妈妈可以坐着或半躺着，注意不要过于后倾。

交叉摇篮式——妈妈可以比较清楚地观察宝宝吃奶的情况，适合新生儿。

橄榄球式

将宝宝放在妈妈身体一侧，然后像在腋下夹橄榄球那样，用臂弯夹住他的双腿，并用前臂支撑背部，手掌托住头颈部。同时，另一只手呈 C 形张开托住乳房。

橄榄球式——适合剖宫产、乳房较大、乳头内陷、乳头扁平的妈妈，以及宝宝太小或给双胞胎哺乳等情况。

侧卧式

妈妈与宝宝面对面侧卧，腹部贴在一起，使宝宝的嘴与妈妈的乳头保持齐平。妈妈可以在头下垫枕头，或枕在自己的臂弯上，用另一只胳膊的前臂支撑宝宝的后背，并用手扶住宝宝的头部。

侧卧式——适合剖宫产、有侧切或撕裂伤口的妈妈。

特别提醒：
若非特殊情况，建议不要采用侧卧式哺乳，以免妈妈睡着后，乳房堵住宝宝口鼻，引发窒息危险。

宝宝吃母乳，什么样的含乳方式是对的？

- 妈妈手呈 C 形张开托住乳房，用乳头刺激宝宝产生觅食反射。
- 当宝宝的嘴张得足够大时，顺势将乳头和大部分乳晕送到宝宝嘴中。
- 宝宝含乳错误时，要让宝宝重新含乳。

宝宝只有正确含乳，才能有效吮吸，吃到足够的乳汁。哺乳时，妈妈应帮助宝宝正确含乳，并在宝宝含乳错误时及时予以纠正。

我也得学学！

正确含乳的要点：

妈妈手呈C字形托住乳房，先用乳头轻触宝宝小嘴四周，刺激宝宝产生觅食反射，张开小嘴。

当宝宝的嘴张得足够大时，妈妈顺势将乳头和大部分乳晕送到宝宝嘴中。

宝宝的上下唇向外翻，并且嘴张得足够大。舌头呈勺子状，能够环绕住乳晕。

咕咚

吮吸速度较慢且用力，有时可能稍作停顿。能看见吞咽的动作或听到吞咽声。

13

如果宝宝吮吸时有下列任何一种情况，说明含乳是错误的。

宝宝的上下唇向内抿，嘴张得不够大。

宝宝只含住了乳头，没有含住大部分乳晕，这种情况特别容易造成妈妈乳头疼痛甚至皲裂。

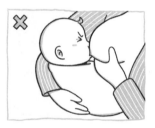

宝宝的鼻子被乳房堵住，无法顺畅呼吸。

宝宝吮吸时，两侧面颊内陷，没有鼓起。宝宝吮吸的速度较快，且不用力，偶尔能听到咂咂声。

宝宝含乳错误时，妈妈需要让宝宝重新含乳。注意不要强行将乳头从宝宝口中扯出，可以将手指放入宝宝口中替换出乳头。

不要强行将乳头扯出。

将手指放入宝宝口中，替换出乳头。

母乳宝宝需要补充什么营养素吗?

- 母乳中含有的钙、DHA 可以满足宝宝需求,不需额外补充。
- 真正需要补充的是维生素 D,它可以促进钙吸收。
- 从出生后几天(出院时)开始,1 岁以内的孩子应每日补充
  400 国际单位(400IU)的维生素 D。

知识点

有些家长想要给宝宝补钙,觉得钙是个好东西,可以经常补一补。实际上,如果妈妈饮食均衡,宝宝喂养正常,是能够从母乳中获得足够钙质的,不需要额外补充。

当然,钙在骨骼中充分发挥作用,必须依靠维生素 D 的帮助,它能促进钙吸收。维生素 D 摄入不足可能会引发宝宝患佝偻病,表现为夜惊、易激惹、烦躁不安、与室温季节无关的多汗、方颅、鸡胸等。

15

母乳中维生素 D 含量极少，靠晒太阳补充也有限，还存在晒伤的隐患，最有效的方式是口服维生素 D 制剂。建议从出生后几天（出院时）开始，每天给宝宝补充 400IU 的维生素 D。

DHA 确实对视力发育和大脑发育有益，但饮食均衡的妈妈，母乳中 DHA 的含量完全可以满足宝宝需求，无须额外补充。补充过多，会被当作多余脂肪消耗掉。

> · 如果吃完母乳宝宝出现腹泻、湿疹等，需考虑宝宝对妈妈吃的食物过敏。
> · 医生排除其他原因后，妈妈可以通过"食物回避 + 激发"试验查找过敏原。

知识点

有的宝宝吃完母乳后出现腹泻、呕吐、湿疹等情况，这可能是因为宝宝对妈妈吃的食物产生了过敏反应。

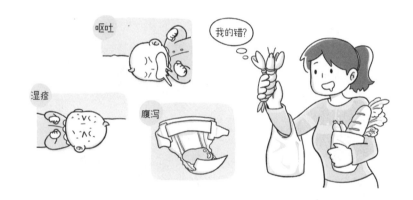

经医生排除其他原因后，建议妈妈通过"食物回避 + 激发"试验查找过敏原。具体做法是：停止食用牛奶、鸡蛋、海鲜、花生等易过敏的食物，观察宝宝的症状是否减轻。如果症状减轻，可以初步判断宝宝过敏与妈妈的饮食相关。

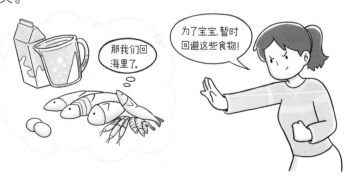

妈妈停止食用可疑食物 2~4 周之后重新食用，如果宝宝吃完母乳后再次出现过敏反应，就可以判断宝宝确实对妈妈吃的这种食物过敏了。

停止食用可疑食物　重新食用　　　宝宝吃母乳　　　再次出现过敏反应
2~4 周　　　　　　　　　　　　　　　　　　　（可以判断对这种食物过敏）

需要注意的是，妈妈重新食用这种食物时量一定要足。比如排查的食物是牛奶，那么重新喝牛奶时至少应喝 1 杯，以保证宝宝通过母乳接触到足够的"过敏原"。

确定宝宝对妈妈吃某种食物过敏后，妈妈应禁食三个月后再次尝试，并观察宝宝是否出现过敏反应。如果又出现过敏反应，妈妈应继续禁食；如果没有出现，妈妈可以逐渐恢复食用。

宝宝只爱吃一侧乳房，怎么办?

· 宝宝长期只吃一侧乳房，另一侧乳房的乳汁会越来越少。
· 开始喂奶时，要让宝宝养成先吃一侧乳房，吃空后再吃另一侧乳房的习惯。
· 如果一侧乳房泌乳量少，可适当先吃这一侧，刺激泌乳。

知识点

有的宝宝吃奶时特别钟爱妈妈的一侧乳房，即使这侧乳房里的乳汁已经不多，而另一只已经胀奶很严重，宝宝仍然拒绝吃。

这是因为，有的妈妈喂奶时习惯用比较有力气的一侧胳膊抱孩子，有的妈妈习惯边喂奶边用固定一只手看手机，孩子自然会习惯只吃一侧乳房。

19

有的妈妈一侧乳房动过手术或者患了乳腺炎，宝宝会因吮吸困难而不愿选择这一侧；如果宝宝存在斜颈问题，头习惯性偏向一侧，也会出现老是吃一侧乳房的情况。

长期只吃一侧乳房，这侧乳房的乳腺会越来越通畅，乳汁会越来越多，而另一侧乳汁会越来越少，这导致宝宝更不爱吃乳汁少的一侧乳房，形成恶性循环。

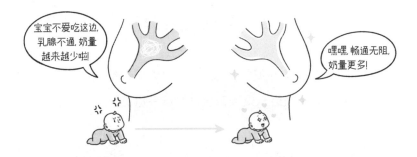

妈妈在开始喂奶时，要帮宝宝养成先吃一侧乳房，吃空后再吃另一侧乳房的习惯。两侧轮流吃。如果妈妈一侧乳房泌乳量少，可以适当让宝宝先吃这一侧，尽量多刺激这侧乳房泌乳。

如果宝宝不想吃一侧乳房，妈妈可以用小玩具吸引他的注意，引导他靠在不喜欢的乳房一侧，并快速送进乳头。

哺乳要尽量选择相对安静的环境，观察宝宝的需求并及时回应，给予他安全感，缓解紧张与不适，使宝宝顺利接受轮换吃两侧乳房的要求。

如果妈妈乳头凹陷使得宝宝吃奶特别困难，或者妈妈患有乳腺炎等疾病不能喂奶，建议用吸奶器及时吸出乳汁。如果宝宝突然对某侧乳房表现出明显的抗拒，妈妈最好就医，排除乳房疾病，因为有的疾病可能会导致乳汁味道发生变化。

如何顺利吸出母乳？

妈妈暂时不能哺乳，应及时将乳汁吸出。这时候，高效、便捷的吸奶用具就派上用场了。

相比徒手挤出母乳，吸奶器特别是电动吸奶器，会让吸奶更便捷。挑选电动吸奶器时，最好选择能模拟宝宝吮吸过程、挡位可调、零部件易清洗的，最关键的是适合妈妈。

吸奶前，先洗净双手，连接好吸奶器的各个部件。

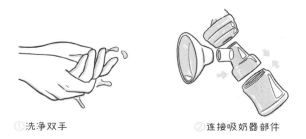

①洗净双手　　　　②连接吸奶器部件

如果使用手动吸奶器，先短促、快速地抽吸，刺激乳汁分泌。当泌乳增多时，减缓抽吸节奏，转换为频率稍低、相对稳定的速度，并持续一段时间。

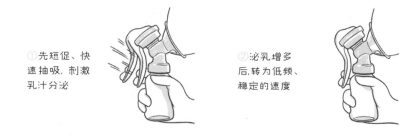

①先短促、快速抽吸，刺激乳汁分泌　　②泌乳增多后，转为低频、稳定的速度

如果使用电动吸奶器，先使用低挡位，逐渐加大吸力，以减少乳头损伤概率。为了更高效舒适地吸奶，建议使用双侧双韵律电动吸奶器。

低挡　　　　中挡　　　　用双侧双韵律电动吸奶器，更快、更舒服!

吸奶结束后，先在储奶袋上写好吸奶日期，然后将乳汁从储奶瓶倒入储奶袋。注意：储奶袋不要装太满，以留出 1/4 的空间为宜。最后排出空气封口。当然，也可以使用能直连吸奶器的储奶袋，避免乳汁浪费和二次污染。

①标记日期　　②将乳汁倒入储奶袋　　③留出 1/4 空间，排出空气封口　　可以直接连吸奶器的储奶袋

手动挤出乳汁时，将一只手的拇指和食指分别放到乳晕的上下侧，一边轻压，一边向乳头方向移动，重复多次后，就会有乳汁流出。注意：两指下滑到乳晕与乳颈相交处即可，不要触碰到乳头。

将拇指和食指分别放在乳晕上下侧　　不要触碰乳头　　乳颈　　乳晕　　轻压并向乳头方向移动

有乳汁流出后，需要变换挤压方式。将一只手覆在乳晕上方，另一只手托在乳晕下面，两手同时用力，向乳头移动。重复这个动作。注意：双手要以乳头为圆心不停移动位置，以便挤出所有乳腺管中的乳汁。

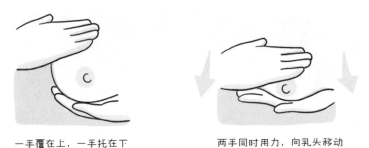

一手覆在上，一手托在下　　两手同时用力，向乳头移动

- 储存母乳，要根据宝宝饮用的时间，采取不同的储存方式。
- 母乳只能解冻一次，所以每个储奶袋最好储存宝宝一次的饮用量。
- 加热储存的母乳要用温水，千万不要使用微波炉或在炉火上加热。

正确储存、加热吸出的母乳，才能保证宝宝吃到优质的口粮。储存乳汁时，宝宝饮用的时间不同，采取的储存方式也不同。

如果宝宝在 4 小时内饮用，可以常温避光保存，室温应维持在 30℃以下。

如果宝宝在 24 小时之内饮用，要放在冰箱冷藏室。注意：不要放在冰箱门上或冰箱门附近，以免频繁开关冰箱门造成温度不稳定影响母乳质量。另外要注意，尽量将母乳与其他食物分开存放，避免母乳受到污染。

如果短期内宝宝不饮用，应在 -15～-5℃ 的冷冻条件下储存，可以储存 3~6 个月。存放时，应将挤出时间较早的母乳放在靠近冰箱门的位置，新挤出的母乳顺次往后排，方便取用。

加热储存的母乳时，如果乳汁常温保存或放在冷藏室中，取用时只需把奶瓶或储奶袋放在 40℃的温水中加热。建议使用恒温温奶器，不要使用微波炉或在炉火上加热。

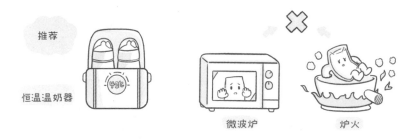

如果乳汁储存在冷冻室，取用时需先放到冷藏室解冻，再按照上述方法加热。乳汁温热后，再把储奶袋上的封口打开，倒进奶瓶。

知识点

· 从便捷角度考虑，建议选择双侧电动吸奶器。

· 储存母乳建议使用储奶袋，倒进乳汁后将空气排出再封严。

· 吸奶后及时清洗吸奶器，不要使用含有消毒剂成分的清洁用品。

　　妈妈决定背奶，将所需用品整理齐备会轻松很多。

　　吸奶器：吸奶器有多种类型，包括手动的、电动的，单头的、双头的。从便捷角度考虑，建议选择双头电动吸奶器。

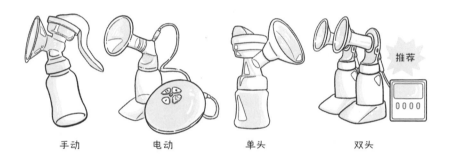

手动　　　　　电动　　　　　单头　　　　　双头　　　　推荐

　　储奶袋：储存母乳建议使用储奶袋。倒进乳汁后，要将其中的空气排出再封严。不建议使用奶瓶储奶，因为里面的空气容易使乳汁变质。市面上有可以直接连在吸奶器上的储奶袋，使用起来很方便。

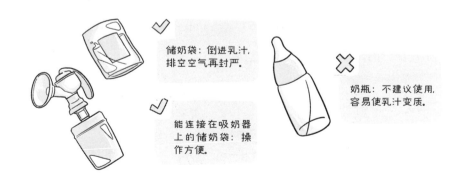

储奶袋：倒进乳汁，排空空气再封严。

能连接在吸奶器上的储奶袋：操作方便。

奶瓶：不建议使用，容易使乳汁变质。

冰包、冰袋：如果可以，吸出母乳后，最好马上将储奶袋放进冰箱。如果工作的地方没有冰箱，要准备好冰包、冰袋。

首选　冰箱　　　次选

提醒妈妈：工作期间要及时吸奶。通常工作 8 小时，吸奶 2~3 次。定时吸奶，能够保证泌乳量，还能避免胀奶导致乳腺炎。

妈妈在吸奶前要彻底清洁双手，吸奶后及时清洗吸奶器。不要使用含有消毒剂成分的清洁用品，避免残留成分被宝宝吃进肚子，破坏肠道菌群。

吸奶前先洗手

吸奶后清洗吸奶器

提醒：不要使用含有消毒剂成分的清洁用品

· 乳晕和乳头共同形成"长奶嘴"，宝宝才能顺利吃到乳汁。

· 如果乳头凹陷，哺乳前可以用手牵出乳头，帮助宝宝正确含乳。

· 如果乳头凹陷比较严重，可以用乳头吸引器将乳头吸出。

知识点

乳头扁平

宝宝能够吃到乳汁，并不是单纯地靠吮吸乳头，还要含住大部分乳晕，让乳晕和乳头共同形成一个"长奶嘴"。

妈妈可以通过牵拉乳房组织，确认乳房是否具有足够的延展性。如果容易牵拉，说明乳房延展性好。即便妈妈的乳头扁平，仍可以通过调整让宝宝顺利吃到母乳。

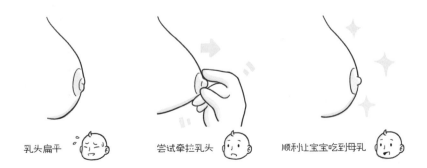

乳头扁平　　　　尝试牵拉乳头　　　　顺利让宝宝吃到母乳

妈妈用手牵拉乳头，如果能够牵拉出来，说明是假性凹陷。每次哺乳前要用手牵出乳头，并且帮助宝宝正确含乳。

如果乳头凹陷比较严重，可以使用乳头吸引器将乳头吸出。

使用乳头吸引器时，每次吸引的时间应保持在 3 秒左右，持续若干次，直到乳头和部分乳晕被吸出。

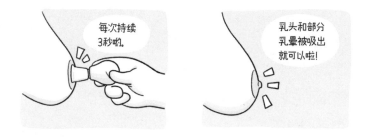

·生产后，妈妈乳房变得充盈，胀奶很常见。

·选择尺寸合适的哺乳内衣或借助吸奶器，缓解胀奶不适。

·如果乳房胀痛特别严重，要寻求医生帮助。

知识点

在怀孕期间，妈妈的乳房就已在慢慢胀大。生产后，乳房变得更加丰满，如果不及时排乳，乳房会随着乳汁的充盈而变硬，产生明显的疼痛感，非常不舒服。

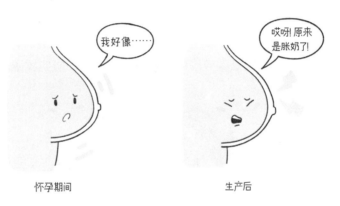

怀孕期间　　　　　　　　生产后

缓解胀奶带来的不适，可在哺乳前用毛巾热敷乳房，这既可以使乳房变得柔软，又能够促进乳汁泌出；哺乳时，按摩乳房有助于乳汁流出；哺乳后，可以冷敷乳房，以减轻胀奶带来的肿胀感。

哺乳前：热敷乳房　　　　哺乳中：按摩乳房　　　　哺乳后：冷敷乳房

选择尺寸合适的哺乳内衣，内衣太紧，会让乳房更加疼痛。平时应尽量穿较为宽松的衣服，避免摩擦乳房。

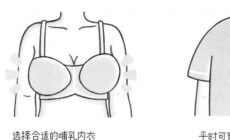

选择合适的哺乳内衣　　　　　　　平时可穿较为宽松的衣服

如果宝宝的吮吸无法减轻胀痛感，妈妈可以借助吸奶器吸出适量乳汁。

只能借助吸奶器了!

如果乳房胀痛特别严重，妈妈可向医生咨询。

你看这里。

乳腺外科

妈妈得了乳腺炎，怎么办?

乳腺炎常见于产后一个月内，乳汁淤积、哺乳姿势不当等，都有可能引发乳腺炎。妈妈要根据情况判断原因，尽量减少乳腺炎对宝宝的影响。

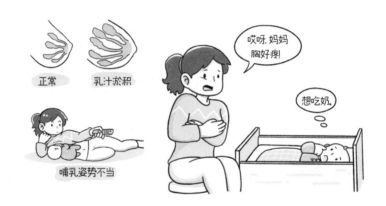

乳腺炎初期未形成脓肿时，以红、肿、热、痛为主要症状，并伴有发热。这个阶段要多让宝宝吮吸乳房，刺激乳房排空。这不仅有助于康复，也可以减轻疼痛。必要时可以借助吸奶器。

如果发热超过 38.5℃，应及时就诊，遵医嘱治疗。只服用退热药不影响正常哺乳；如需服用抗生素，用药期间能否哺乳需咨询医生。

如果乳腺炎早期没有及时干预，有炎症的部位就会积脓，并伴有高热，此时必须去医院就诊。依据病情，医生可能会建议采取手术的方式切开引流。

妈妈一定要积极配合治疗，有的情况下在手术恢复期间，就可以在医生的指导下让宝宝继续吮吸无症状一侧的乳房，接受手术的乳房要及时用吸奶器排空，避免乳汁积存，引起病情反复。（因个体差异性，具体情况请遵医嘱。）

·哺乳期用药，要综合考虑病情、药物成分和使用方式等因素。
·不管中药还是西药，哺乳期妈妈用药前都应咨询医生。

知识点

哺乳期生病了，妈妈应该积极治疗，只有尽快痊愈，才能保证母乳喂养。哺乳期用药不能简单地归为"能吃"还是"不能吃"，要综合考虑病情、药物成分和使用方式等。

关于哺乳期用药安全等级，美国儿科教授托马斯·W. 黑尔（Thomas W. Hale）认为，L1、L2 级的药物在乳汁中分泌的量很小，通常不影响继续哺乳。想要知道药物的具体分级，可以咨询医生。

35

如果妈妈服用某些药物，进入乳汁的剂量很小，甚至远低于宝宝生病时遵医嘱服用这种药物的起效剂量，那么妈妈服用通常是安全的。

分子量大的药物，比如胰岛素、肝素等，妈妈使用后，宝宝通常不受影响。但是使用了放射类的药物，就不能母乳喂养了。

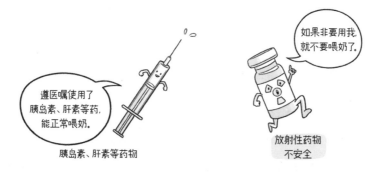

胰岛素、肝素等药物

放射性药物不安全

不使用疗效不确切的，或者缺乏安全性评估的中成药。尽量选择单一成分的药物，避免使用复合制剂，因为复合制剂成分多，对哺乳安全的评估更为复杂。

避免中成药　　　　　避免复合制剂

在不影响疗效的前提下，尽量选择对哺乳影响最小的给药途径。一般来说，外用药优于口服，口服药优于静脉给药。

在不影响疗效的前提下，尽量选择对哺乳影响最小的给药途径。一般来说，外用药优于口服，口服药优于静脉给药。

如果实在担心，更安全起见，遵医嘱服用药物期间，可以将服药时间尽量安排在哺乳后，并尽量远离下一次哺乳的时间。

另外，不管中药还是西药，基于安全性和个体差异性考虑，哺乳期妈妈用药前都应该咨询医生。

妈妈母乳不足，怎么办？

· 想顺利追奶，妈妈一定要相信自己可以实现母乳喂养。
· 为了保证营养丰富，建议母乳妈妈每周食用 50 种以上食材。
· 宝宝多吮吸乳头，能够刺激泌乳，帮助妈妈顺利追奶。

宝宝急切地含着妈妈的乳头，看得出很努力，但是吮吸很久才能吞咽一次，很久也吃不饱，甚至情绪也开始急躁。这种情况很可能是妈妈母乳不足。

想要积极追奶，妈妈必须坚定母乳喂养的信心，相信母乳以及母乳喂养的过程对宝宝来说是非常有益的，也要坚信只要自己掌握科学的追奶方式，母乳是能够多起来的。

心情愉快，是保证妈妈泌乳很重要的因素。很多新妈妈面对养育的诸多问题可能会焦虑，建议妈妈遇到问题及时跟有经验的朋友交流，听听音乐，适量运动，舒缓情绪。

家人的支持对新妈妈来说很重要。关于养育，家人要统一意见，不要因此发生不愉快，不要给新妈妈太大压力。

小宝宝夜间可能会醒几次，新妈妈的睡眠面临着很大的挑战，碎片化的睡眠难以保证质量，妈妈最好能尽快调整作息与宝宝一致，保证睡眠，这对于泌乳很有益。

饮食均衡可以促进泌乳，并保证母乳的质量。建议母乳妈妈每周摄入50种以上食材，确保营养丰富全面。但要注意不能大量进食补品，避免营养过剩，引发乳腺管堵塞。

宝宝多吮吸，也可以刺激乳汁分泌，帮助妈妈追奶。建议追奶阶段的妈妈每天哺乳 10~12 次，每次至少 15 分钟。

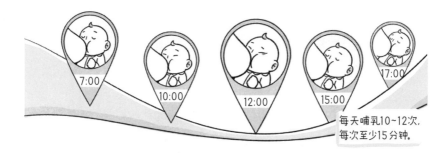

需要提醒的是，如果母乳不足影响了宝宝生长发育，就要添加配方粉补充能量。妈妈要科学平衡母乳喂养与配方粉喂养的关系。

母乳会越来越没营养吗？

知识点

· 即使宝宝满 6 个月，母乳仍然应该是他重要的营养来源。
· 母乳能给宝宝提供丰富的营养支持，比如蛋白质、钙、维生素 A 等。
· 6 个月后，单纯的母乳已经无法满足宝宝生长发育所需，需要添加辅食。

对 6 个月以上的宝宝来说，母乳仍然应该作为重要的营养来源。母乳中所含的丰富的蛋白质、钙、维生素 A 等可以为宝宝提供优质的营养支持，妈妈最好继续坚持母乳喂养。

母乳中的免疫保护因子，可以帮助宝宝抵御疾病侵袭，增强免疫力。

然而，随着月龄的增长，宝宝确实需要补充更多的营养，单纯的母乳已经无法满足宝宝生长发育所需。

与此同时，宝宝的口腔咀嚼能力在提升，味觉、视觉、触觉等感知能力在增强，认知能力也在不断进步，这些都表明宝宝有了接受新食物的能力和需求。

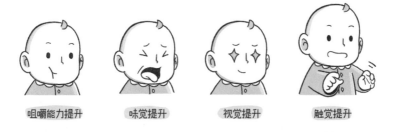

因此，建议家长在宝宝满 6 个月时添加辅食，这并不是因为母乳没有营养了，而是需要母乳和辅食共同保证宝宝的生长发育。

断母乳有哪些技巧?

- 何时断母乳,妈妈可以根据自身情况决定。
- 建议妈妈尽量选择自然离乳。
- 断母乳期间,妈妈要意志坚定,同时照顾宝宝的心理。

知识点

何时断母乳这个问题因人而异,没有标准答案。如果妈妈时间充裕、乳汁充足,有继续哺乳的意愿,那么完全可以坚持母乳喂养至自然离乳。

也有一些妈妈因为各种各样的原因,不能继续母乳喂养,就要有计划地引导宝宝离乳。大致来说,妈妈引导宝宝离乳主要有四种情况。一种是妈妈的身体状况不允许,比如生病、精力不足等。

第二种是工作和母乳喂养无法兼顾，妈妈考虑自身意愿和家庭实际情况后计划坚持工作。

　　第三种是宝宝偏爱母乳，对辅食完全没有兴趣，且已经影响到了生长发育，比如营养不良、体重增长过缓等。

　　第四种是宝宝过分依赖母乳，不管遇到什么事情都要吃母乳才能解决，这种情况可能会影响宝宝的性格养成，应考虑离乳。

断母乳期间，妈妈一定要意志坚定，切忌反反复复重新哺乳，以免造成宝宝情绪波动。遇到宝宝哭闹时，不要一时心软就用哺乳来安抚，可以尝试用阅读、游戏等方式陪伴宝宝。

断母乳对宝宝也是一个挑战，父母及家人要注意加强对宝宝的关心和照料，多陪伴、多沟通，逐渐淡化宝宝对母乳的依恋。

如果宝宝过分依赖妈妈，看到妈妈就想吃母乳，或者因偏爱母乳而不吃辅食，不妨请其他家庭成员来帮忙，比如爸爸多陪伴宝宝，老人或阿姨来喂宝宝，帮助宝宝顺利度过断奶期。

母乳强化剂，宝宝需要吃吗？

知识点

· 一些早产宝宝在母乳喂养的同时，需要补充母乳强化剂。
· 母乳强化剂的使用应该遵医嘱，确保宝宝既能摄入丰富的营养，又能避免营养过剩。

母乳无疑是最适合宝宝的食物，但对于出生时胎龄小于 34 周，或者出生体重低于 2000 克的高危早产宝宝来说，母乳仍然不能完全满足他的生长需要。

这种情况下，如果单纯地进行母乳喂养，宝宝营养跟不上，可能会出现生长缓慢、骨骼发育不良等健康问题。因此在母乳喂养的基础上，往往会使用母乳强化剂帮助宝宝补充营养。

《早产、低出生体重儿出院后喂养建议》中指出，凡是出生时胎龄 < 34 周、出生体重 < 2000 克的早产儿，在母乳喂养的同时需要摄入母乳强化剂。

母乳强化剂富含丰富的蛋白质、矿物质及维生素等营养物质，它可以与母乳一起，共同帮助早产宝宝快速追赶性地生长。

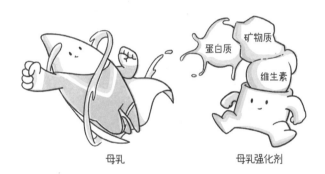

需要提醒的是，母乳强化剂的使用家长不能自行决定，而应该遵医嘱。医生会根据宝宝的实际情况做出"给"或"不给"的具体决定，让宝宝既能摄入丰富的营养，又能避免营养过剩。

早产宝宝怎么喂养才好？

知识点

· 早产宝宝需要加强营养来追赶生长。
· 早产儿妈妈的乳汁成分特殊，更适合早产宝宝需求。
· 母乳不足时，要考虑早产儿专用特殊配方粉。

对于早产宝宝来说，出生后的前 3 个月，普遍存在营养缺失的问题。因此早产宝宝出院后，通常需要加强营养，达到追赶生长的目的。

与足月宝宝的妈妈相比，早产宝宝的妈妈母乳中的成分比例有所不同，比如蛋白质、脂肪、乳糖含量更高，钠含量较低等，这些特点都更能适应早产宝宝的营养需求。

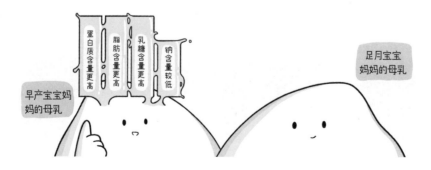

更重要的是，早产宝宝妈妈的乳汁中，各种活性蛋白、抗体等免疫因子的含量更为丰富，调节免疫、抗感染、促进胃肠功能成熟的作用也更明显。

含有活性蛋白、抗体　　　　　促进胃肠功能成熟

早产宝宝对营养需求高，吸收能力却较差，因此喂养量要由少到多逐步增加，且少量多次。如果宝宝吞咽功能不完善，不能很好地吮吸乳汁，可以用早产儿专用奶瓶或浅口小勺喂养。

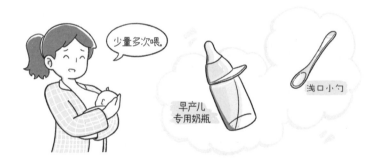

少量多次喂。

早产儿
专用奶瓶

浅口小勺

如果妈妈确实母乳不足，可以在医生指导下，选择早产宝宝专用的特殊配方粉进行喂养。需要提醒的是，不要盲目使用足月儿的配方粉。

选我选我！

别选我，我是给
足月宝宝吃的。

早产儿
配方粉

足月儿
配方粉

第二部分

配方粉喂养

配方粉喂养是妈妈在某些特殊情况下的无奈选择。
当宝宝需要添加配方粉时，你需要了解如何选择、
冲调、保存配方粉，如何让宝宝接受它，等等。

> 知识点
>
> · 如果纯母乳喂养确实难以实现，可以用婴儿配方粉为宝宝补充营养。
> · 即使母乳不足，在每次配方粉喂养前，也应先让宝宝吮吸乳房，刺激泌乳。

《中国居民膳食指南（2016）》明确提出：婴儿配方粉只能作为母乳喂养失败后的无奈选择，或母乳不足时对母乳的补充。如果宝宝因母乳不足，体重下降已经超过出生体重的 7%，或者体重增长始终不理想，为了保证宝宝的生长发育，应考虑添加配方粉。

如果妈妈患有某种母乳喂养禁忌，如结核病，或感染水痘－带状疱疹病毒、巨细胞病毒等，则需要视情况遵医嘱放弃母乳喂养，给宝宝添加配方粉。

结核病　　　水痘－带状　　巨细胞病毒
　　　　　　疱疹病毒

至于患有乙肝是否能够哺乳，要结合实际情况综合判断。不过可以肯定的是，乙肝病毒存在于血液里，一旦妈妈的乳头破损，哺乳时宝宝便会接触携带乙肝病毒的血液，增加感染乙肝病毒的风险。

需要提醒的是，乙肝表面抗原阳性，不等于体内的乙肝病毒有传染性，判断其是否具有传染性的唯一指标是乙肝病毒 DNA 载量。病毒载量越高，表明病毒的可复制性越强，或正在复制，传染的可能性就会越高。

一般来说，如果载量小于 10^2，可以母乳喂养；如果载量处于 $10^2 \sim 10^6$ 之间，则需结合肝功情况判断，如果肝功正常，一般可遵医嘱母乳喂养；如果载量大于 10^6，一般建议不要母乳喂养。

如果因母乳不足而添加配方粉，添加前最好每次都先让宝宝吮吸乳房，每侧各 10 ~ 15 分钟，待吃过母乳之后，再用配方粉补足。这样既可以有效刺激乳房，增加泌乳量，还能保持宝宝对母乳的兴趣，避免因接触奶瓶而抵触吃母乳。

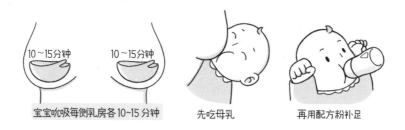

宝宝吮吸每侧乳房各 10-15 分钟　　　先吃母乳　　　再用配方粉补足

为了降低过敏的风险，可以在医生的指导下选择添加部分水解配方粉。需要补充的配方奶量要根据宝宝的需求而定，第一次哺喂时可以多冲一些，看宝宝吃饱后还剩余多少，然后用总量减掉剩余量，作为第二次冲调时的参考。

部分水解配方粉　　　第一次冲调的量　　　宝宝喝剩的量　　　第二次冲调的量

· 相较于品牌，家长在选择配方粉时应多关注种类。
· 配方粉蛋白质结构、脂肪种类、碳水化合物成分不同，因此有
　多种不同的分类。

　　配方粉应选有信誉的品牌，但相较于品牌，种类应得到家长更多的关注。
根据蛋白质结构、脂肪种类、碳水化合物成分，配方粉可划分为不同的种类。
家长应根据宝宝的具体情况，选择合适的配方粉。

　　配方粉按照蛋白质结构来划分，可以分为普通配方粉、部分水解配方粉、
深度水解配方粉和氨基酸配方粉。

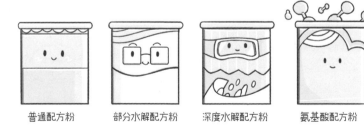

| 普通配方粉 | 部分水解配方粉 | 深度水解配方粉 | 氨基酸配方粉 |

普通配方粉含有完整的牛奶蛋白，适用于母乳不足的 6 个月以上健康宝宝；部分水解配方粉和深度水解配方粉中的牛奶蛋白被分解成了小分子，前者可预防牛奶蛋白过敏（6 个月以下母乳不足的宝宝可选择），后者可治疗牛奶蛋白过敏。

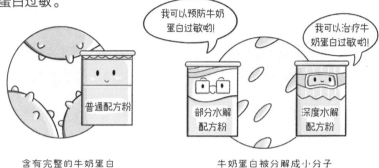

含有完整的牛奶蛋白　　　　　　　　牛奶蛋白被分解成小分子

氨基酸配方粉所含的是植物蛋白，避免了牛奶蛋白过敏的风险，因此可用来判断宝宝是否存在牛奶蛋白过敏。

当怀疑宝宝牛奶蛋白过敏时，应在医生指导下使用氨基酸配方粉。如果过敏症状缓解，在排除其他因素干扰下证明确实是牛奶蛋白过敏，应回避牛奶 3~6 个月，用氨基酸配方粉提供营养。

配方粉按照脂肪种类划分，可以分为长链脂肪配方粉和中／长链脂肪配方粉。长链脂肪配方粉是普通配方粉，可用于健康宝宝；中／长链脂肪配方粉适用于存在慢性腹泻、肠道发育不良等肠道问题的宝宝。

普通配方粉可用于健康宝宝；低乳糖配方粉和无乳糖配方粉用于急性腹泻的宝宝，比如因感染轮状病毒出现腹泻，以及先天乳糖不耐受的宝宝。

配方粉按照碳水化合物成分划分，可以分为普通配方粉、低乳糖配方粉和无乳糖配方粉。普通配方粉可用于健康宝宝；低乳糖配方粉和无乳糖配方粉用于急性腹泻的宝宝，比如因感染轮状病毒出现腹泻，以及先天乳糖不耐受的宝宝。

如果宝宝是早产儿或低出生体重儿，家长需要根据实际情况，在医生指导下使用早产儿／低出生体重儿配方粉，让宝宝快速获得高热量、高蛋白质等，满足其生长发育。

如何冲调配方粉？

给宝宝冲调配方奶粉，步骤如下：

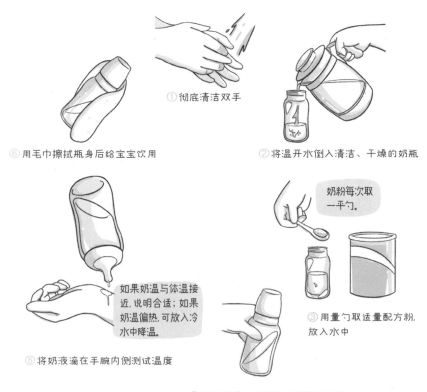

① 彻底清洁双手

⑥ 用毛巾擦拭瓶身后给宝宝饮用

② 将温开水倒入清洁、干燥的奶瓶

奶粉每次取一平勺。

如果奶温与体温接近，说明合适；如果奶温偏热，可放入冷水中降温。

③ 用量勺取适量配方粉，放入水中

⑤ 将奶液滴在手腕内侧测试温度

④ 拧紧奶嘴，缓缓地左右摇动奶瓶

不同品牌的配方粉，水、粉冲调比例存在差异，家长要仔细阅读说明，严格按比例冲调。

冲调配方粉最好使用温开水，不要使用果汁或米汤，也不要添加任何调味料及保健品。

温开水　　　　　　　　　　果汁　　米汤

宝宝喝的奶量，指的是配方粉加水冲调后的奶液总量，即：奶量 = 配方粉量 + 水量。

奶量　　　　　配方粉量　　　　水量

配方粉开封后怎么保存？

知识点

· 配方粉也有保质期，一旦开封保质期就会缩短。

· 配方粉要放在干净、干燥、避光的地方。

· 如果宝宝是混合喂养，配方粉喝得少，可以选择小包装产品。

与其他食物一样，配方粉也有保质期。包装盒上印刷的一般是没开封状态下的期限，一旦打开盖子，保质期会大大缩短。

配方粉上一般会标明：打开盖子后需在 3~4 周内用完。因为如果配方粉在空气中暴露时间过久，其中的活性物质会受到空气中湿气、污染物、细菌等影响，导致配方粉变质。

如果是罐装配方粉，打开取用后应及时扣紧盖子；如果是袋装配方粉，打开取用后要用封口夹及时封严袋口。

配方粉平时要放置在干净、干燥、避光的地方，不能放到冰箱里。量勺要单独存放，使用时要干燥，并定期清洗。

有的宝宝是混合喂养，对配方粉的需求量小，家长可以选择小袋装或者小罐装，以免造成浪费。

母乳宝宝怎么才能顺利接受奶瓶？

· 如果宝宝已经习惯了直接吮吸乳汁，往往不愿意接受奶瓶。
· 用奶瓶喂奶应选择合适的时机，由妈妈之外的家人喂。
· 可以尝试在奶嘴上涂抹母乳。

职场妈妈上班后，为了坚持母乳喂养，很多人选择了"背奶"，这意味着宝宝需要使用奶瓶喝奶。然而，很多宝宝习惯了直接吮吸母乳，往往饿着肚子等妈妈，也不接受奶瓶。

让宝宝接受奶瓶，家长可以尝试以下办法。

第一，选择合适的喂奶时机。有的孩子饥饿时容易接受奶瓶，也有的孩子吃饱了才有兴趣研究奶瓶。等孩子对奶瓶不排斥了，在他饿的时候再试着用奶瓶喂奶。家长可以分别尝试，看自家宝宝在哪种情况下容易接受。

第二，由妈妈之外的家人喂奶。给宝宝用奶瓶时，妈妈可以暂时回避，让其他家人喂，避免宝宝产生"妈妈在却不给我吃奶"的情绪，抵触更严重。

第三，在奶嘴上抹点儿母乳。熟悉的味道更容易让宝宝产生亲近感和信任感，接受起奶嘴来可能更容易些。如果宝宝一次不接受，家长可以多尝试几次。

第四，适当加点儿果汁。如果宝宝特别抗拒奶瓶，可以适当添加果汁，宝宝可能会因为喜欢这个味道而接受。需要提醒的是，这是万不得已的下下之选。

知识点

· 用奶瓶喂养时，应注意奶液流速及奶液温度。
· 如果宝宝努力吞咽，奶液仍从嘴角溢出来，要及时更换合适的奶嘴。
· 测试奶液温度是否合适，要倒置奶瓶，将奶液滴在自己手腕内侧。

如果宝宝用奶瓶喂养，为了保证安全，防止呛奶和烫伤，一定要注意奶嘴孔径大小和奶液温度。

宝宝吮吸和吞咽能力还不成熟，奶嘴孔径过大，奶液流速就快，容易呛奶。对新生宝宝来说，如果奶瓶倒置后奶液先喷出一条直线，之后一滴滴流出来，说明奶嘴孔径大小合适，流速可以接受。

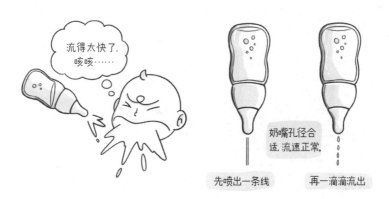

　　观察奶嘴孔径大小、奶液流速是否合适，还要结合宝宝的表现。如果宝宝努力吞咽，奶液仍从嘴角溢出来，说明奶液流速过快，要及时更换奶嘴。

　　除了奶液流速，还要注意奶液温度。不能仅靠感受奶瓶外壁温度判断奶液温度，因为有些材质的奶瓶隔热性能比较好。奶瓶外壁温度合适，奶液仍有可能温度高，直接给宝宝喝容易烫伤。

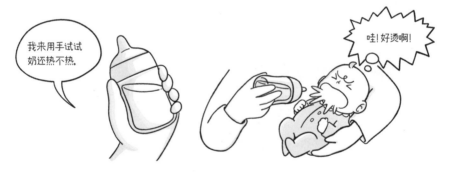

　　给宝宝喂奶之前，家长可以倒置奶瓶，将奶液滴在自己手腕内侧，如果这个位置感受合适，说明宝宝也能接受。

宝宝牛奶蛋白过敏怎么办？

知识点

- 婴幼儿牛奶蛋白过敏很常见。
- 判断是否牛奶蛋白过敏的金标准是"回避 + 激发"试验。
- 确定宝宝牛奶蛋白过敏，如果是母乳喂养，妈妈也要回避牛奶和牛奶制品。

对婴幼儿来说，最常见的食物过敏是牛奶蛋白过敏。因为牛奶中含有的酪蛋白、乳清蛋白等蛋白成分，可能作为抗原引起宝宝出现免疫反应。

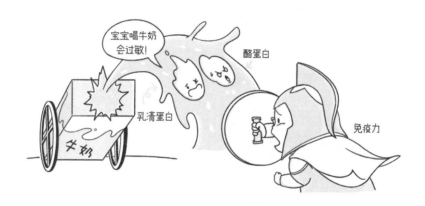

牛奶蛋白过敏主要影响人体三大系统——皮肤、消化系统和呼吸系统，通常表现为湿疹、荨麻疹、腹泻、便血、恶心、呕吐、呼吸急促或哮喘等。小宝宝以消化系统症状和皮肤症状为主要表现。

　　判断是否牛奶蛋白过敏可以使用"回避 + 激发"试验。方法是，出现疑似过敏症状后，回避牛奶及牛奶制品 2~4 周，如果症状消失，说明"回避"试验呈阳性。再次尝试相关食物，如果症状再次出现，则说明"激发"试验呈阳性，可以确定宝宝对牛奶蛋白过敏。

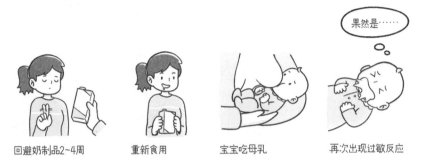

回避奶制品2~4周　　重新食用　　　　宝宝吃母乳　　　　再次出现过敏反应

　　如果母乳宝宝对牛奶蛋白过敏，妈妈应回避牛奶及一切牛奶制品，包括纯牛奶、酸奶、奶酪、奶油蛋糕及其他含有牛奶的食物。

　　如果配方粉喂养的宝宝疑似牛奶蛋白过敏，可以将配方粉换成不含牛奶蛋白的氨基酸配方粉，如果过敏症状消失，则可以确认宝宝对牛奶蛋白过敏。

如果宝宝过敏严重，需遵医嘱停用原来的配方粉，改为氨基酸配方粉喂养。需要提醒的是，牛奶和羊奶在抗原性上非常相似，用羊奶替代牛奶，并不是解决牛奶蛋白过敏的有效方法。

如果宝宝过敏不是很严重，可以在医生的指导下逐渐转奶。先慢慢减少普通配方粉的比例，加大氨基酸配方粉的比例，直至全部转为氨基酸配方粉。2~4 周后，如果宝宝没有再出现过敏症状，用同样的方式将氨基酸配方粉过渡到深度水解配方粉，3 个月后过渡到部分水解配方粉，6 个月后过渡到普通配方粉。

值得注意的是，深度水解配方粉有很多品牌，不同品牌水解的牛奶蛋白不同，有的是酪蛋白，有的是乳清蛋白。家长要根据宝宝具体对哪种牛奶蛋白成分过敏，选择相应的深度水解配方粉。

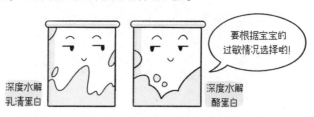

配方粉喂养的宝宝，需要喝水吗？

· 冲调配方粉已经用了足够量的水，通常不需要额外再给水。

· 衡量宝宝是否需要喝水，应该观察尿液颜色。

· 当宝宝大量出汗或严重腹泻时，要注意补充水分。

知识点

有人认为，喝配方粉的宝宝很容易上火，于是就想多给喝水。其实，冲调配方粉已经用了足够量的水，通常不需要额外再给水。

冲调配方粉时，要严格按照包装说明上的水、粉推荐配比冲调。这个比例是经过科学计算的，不要多加粉，也不要多加水。

69

不管是配方粉喂养还是母乳喂养，不能以喂养方式作为宝宝是否应该喝水的依据。

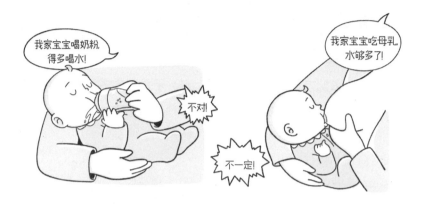

衡量宝宝是否需要喝水，应该观察尿液颜色。如果尿液无色或呈淡黄色，说明宝宝体内水分充足；如果尿液呈深黄色，代表宝宝体内可能缺水。

需要注意的是，当宝宝大量出汗或严重腹泻时，家长要注意给宝宝补充水分，避免出现脱水。

· 必须更换配方粉品牌或者换成更高段的配方粉，则需要转奶。
· 转奶一定要遵循循序渐进的原则。
· 如果宝宝身体不适，转奶最好延后进行。

知识点

　　一般来说，各品牌的普通配方粉在成分上并没有很大的差异，不建议频繁更换配方粉。宝宝胃肠消化功能发育还不完善，频繁更换可能会导致厌奶、腹泻、便秘等问题。

　　如果因客观原因，必须更换配方粉品牌，或者随着宝宝生长发育，需要更换同一品牌的更高段配方粉，则需要转奶。

转奶一定要遵循循序渐进的原则。转奶一般推荐新旧配方粉混合的方式，即由少到多逐渐往旧配方粉里加入新配方粉，每个添加比例持续 2~3 天，直到新配方粉完全替代原来的配方粉。比如，先加 1/4 的新配方粉，2~3 天后比例增加至 2/4，直至取代原配方粉。

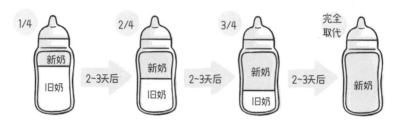

需要提醒的是，如果在转奶过程中宝宝出现不适反应，应立即返回上一阶段。比如，新配方粉已经添加到了 3/4，宝宝出现不适，就要退回新配方粉添加 2/4 的阶段。如果宝宝还是没有好转，要及时咨询医生是否换回原来的配方粉。

如果宝宝正在生病或者处于特殊时期，比如感冒、发热、起皮疹，或者刚接种了疫苗，那么转奶最好延后进行。

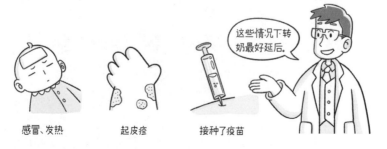

感冒、发热　　　起皮疹　　　接种了疫苗

添加配方粉，这些误区你避开了吗？

> **知识点**
>
> · 如果宝宝较为依赖配方粉，可能会不愿意吮吸乳汁，影响乳汁分泌。
> · 母乳是最适合宝宝的食物，即使配方粉营养再丰富，也无法与母乳相比。
> · 妈妈外出时间太久，无法亲自哺喂时，一定要使用吸奶器吸出乳汁。

误区一：添加配方粉不会影响泌乳。

添加配方粉是否影响泌乳，要分情况来看。如果宝宝对配方粉的依赖性比较大，或者混合喂养方式不当，宝宝可能会不愿意吮吸乳汁，影响乳汁分泌。

混合喂养时，建议先喂母乳，刺激乳房泌乳，也让宝宝对母乳保持兴趣。如果宝宝抗拒配方粉，可以等他很饿的时候先喂配方粉。

| 先喂母乳 | 后喂配方粉 | 先喂配方粉 | 后喂母乳 |
| 混合喂养 | | 宝宝抗拒配方粉 | |

误区二：配方粉的营养比母乳更丰富。

市面上的配方粉大多以牛奶为主要原料，还有一些是羊奶、豆奶等。任何一种配方粉所含的脂肪、蛋白质、碳水化合物等，都不如母乳容易消化和吸收，都无法与母乳媲美。

母乳是最适合宝宝的食物，虽然目前还不知道母乳中的全部营养成分，但配方粉所含营养再丰富，也无法与母乳相比。

误区三：开始吃配方粉后就能断母乳了。

虽然因母乳不足等原因给宝宝添加了配方粉，但母乳仍然是宝宝最佳的营养来源，也是亲子关系很好的联结，不能轻易放弃。

误区四：添加了配方粉，就不能恢复母乳喂养了。

添加配方粉后，有的妈妈可能会因乳头刺激减少，乳汁分泌不足而演变成没有母乳，变成纯配方粉喂养；而有的妈妈会有策略地让宝宝保持吮吸的频率，最后又恢复了母乳喂养。

需要提醒的是，如果妈妈外出时间太久，一定要使用吸奶器吸出乳汁。大脑接收到"我还要泌乳"的信号，有助于乳房持续泌乳，同时也能防止堵奶。

可以说，即使是混合喂养，只要掌握正确的喂养方式，妈妈心情愉快、营养均衡且全面，仍然能够恢复母乳喂养。

第三部分

母乳和配方粉
喂养中的问题

如何判断宝宝是不是吃饱了，溢奶、呛奶怎么办，
不吃奶瓶怎么办……宝宝喂养是一个看似"艰难"
的课题，其实掌握了方法，就能变得轻松。

宝宝吃着奶睡着了，需要叫醒吗？

知识点

· 宝宝吃着奶睡着了，要不要叫醒需要具体问题具体分析。

· 喂养宝宝应遵循按需喂养，而非按时喂养。

· 喂养次数和时间不应刻板执行，应结合宝宝实际需要，做出适合宝宝的决定。

宝宝吃奶时睡着了，究竟该叫醒还是让他继续睡？这个问题的答案并不绝对，主要依赖于妈妈的判断。

如果认为宝宝已经吃饱了，就不必叫醒；如果宝宝刚刚开始吃就睡着了，最好叫醒让他吃饱。

宝宝在饥饿状态下无法安稳地睡觉，不久还会醒来要吃奶，这不利于养成良好的喂养习惯，也妨碍睡眠。

叫醒宝宝时，妈妈可以轻拉宝宝耳垂，或摸摸他的脸蛋，也可以动动乳房，宝宝通常会醒来继续吃奶。

母乳喂养的妈妈应注意：宝宝要按需而非按时哺乳，新生宝宝通常每天需哺乳 8 次以上。每天哺乳次数只是建议，不能机械执行。每个宝宝的吮吸能力不同，每侧乳房的哺乳时间保持在 20 分钟左右即为正常。

夜间喂奶，你知道要注意什么吗？

知识点

· 尽量不要侧身哺乳，不要让宝宝含着乳头睡觉，以减少窒息风险。
· 不建议主动叫醒宝宝喂奶。
· 给宝宝喂奶后，不要让宝宝马上平躺，避免吐奶。

小宝宝吃奶通常不分昼夜，尤其是还没有建立昼夜规律的新生宝宝，夜奶的频率会更高。为了保证哺喂夜奶时更加顺利和安全，妈妈需了解夜间哺乳的有关注意事项。

第一，如非必须，不要侧身哺乳。这是因为妈妈侧卧时，很难保证长时间清醒，一旦在哺乳过程中睡着，很可能会压住宝宝，或乳房堵住宝宝的口鼻，造成窒息。

夜间不要侧身哺乳

第二，不要让宝宝含着乳头睡觉。宝宝含着乳头可能更容易入睡，睡得也更踏实，但是这种习惯同样有导致宝宝窒息的风险，并且增加妈妈乳头皲裂的概率。

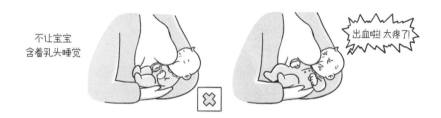

第三，不要主动叫醒宝宝喂夜奶。宝宝有自己的需求，如果夜间睡得很好，没有想要吃奶的迹象，就无须叫醒喂奶，以免打扰宝宝的睡眠。健康足月的宝宝不必担心夜间长时间不吃奶会出现低血糖等问题。

第四，喂奶后不要马上让宝宝平躺，以减少吐奶风险。夜间哺乳后，建议妈妈保持 45°角靠在床头，让宝宝趴在胸前呈心贴心的姿势，待宝宝打出嗝后再将他放到床上。

如何判断宝宝是否吃饱了？

知识点

·喂养正常的宝宝每日排尿次数在 6 次以上，颜色清透。
·哺乳时能听到有节奏的吞咽声，吃饱后宝宝表情满足。
·出生后 7~10 天体重恢复到出生水平。

观察哺乳情况：每天母乳喂养 8~12 次；每次哺乳宝宝都能吮吸单侧乳房 20 分钟左右；能观察到宝宝在有节律地吮吸，并能听到吞咽声。

观察哺乳后情况：哺乳结束后，妈妈至少一侧乳房已排空；宝宝表情很满足，妈妈很轻松就能把乳头从宝宝嘴里拔出来。

观察宝宝排尿情况：如果喂养充足，宝宝每日排尿次数应在 6 次以上，尿液清透，颜色呈浅黄色或无色，没有任何刺鼻的异味。

观察宝宝大便情况：宝宝出生 3~4 天后，大便颜色从胎便的黑绿色、过渡期大便的黄绿色，逐渐变为棕色或黄色。

黑绿或黄绿色　　　　　棕色或黄色

宝宝出生后几天内可能会出现生理性体重下降，通常 5 天左右时体重开始回升，出生后 7~10 天恢复到出生体重。总之，只要宝宝大小便正常，体重增长正常，精神状态不错，妈妈们大可放心，你的母乳是充足的，别再担心啦。

大小便正常　　　　　状态不错

过度喂养有哪些危害？

知识点

· 过度喂养对宝宝的健康不利，不要过度追求"胖乎乎"。
· 进食过多会加重胃肠负担，影响消化吸收。
· 吃得过多，会影响脑细胞的新陈代谢，导致脑疲劳。

喝够奶、正常喂养，就能满足宝宝生长发育所需。但是有不少家长陷入过度喂养的误区，这对宝宝的健康是不利的。过度喂养常常有三种情况：第一，宝宝越胖越壮实，越不容易生病，能吃是福；第二，宝宝一哭闹就喂奶，把喂奶当作安慰；第三，宝宝有吮吸反射就是饿了，得喂奶。

越胖越壮，不易生病？

哭闹就喂奶？

吮吸手指就是饿了？

宝宝的胃肠道功能尚未发育成熟，进食过多会加重胃肠负担，影响消化吸收。长期过度喂养容易弱化宝宝对饥饿感和饱腹感的感知能力，导致越吃越多，越吃越胖。

好撑！好累！

嗝儿。

　　吃得越多，胃肠需要的血液量就越多，而供应大脑的血液量就会相对减少，从而影响脑细胞的新陈代谢，引起脑疲劳。长期过度喂养，多余的热量转化成脂肪，导致超重和肥胖，增加宝宝患慢性疾病的风险。

　　想要养出拥有好身体、好体形的健康宝宝，不要过度追求"胖乎乎"！喂养宝宝一定要"按需喂养"，关注宝宝生长曲线。

宝宝溢奶了，怎么办？

知识点

· 新生宝宝出现溢奶，大多数属于生理性的溢奶。
· 宝宝溢奶与其胃部结构和发育程度有关。
· 哺乳姿势不对也会使宝宝打嗝出现溢奶。

新生宝宝经常会出现溢奶（吐奶）的情况。宝宝溢奶大多数情况都是正常的，属于生理性溢奶，家长不要过于紧张。

正常的生理性溢奶，不要紧张。

宝宝出现溢奶与其胃部结构和发育程度有关。正常情况下，成人的胃呈倾斜状，胃部与食管连接处的贲门括约肌是紧张收缩的状态，与肠道连接处的幽门括约肌相对松弛舒张，使经过胃部消化的食物顺利进入肠道。

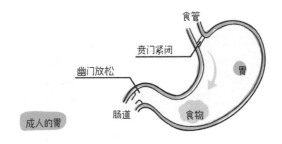

食管
贲门紧闭
幽门放松
胃
肠道
食物
成人的胃

宝宝的胃是水平的，胃容量也小，由于发育还不成熟，贲门括约肌较薄弱，宝宝吃完奶平躺很容易溢奶，尤其在腹部稍用力后，奶液很容易就会溢出来。

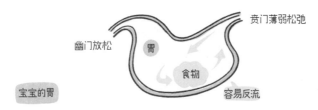

如果哺乳姿势不恰当，宝宝吸奶时容易吸进过多空气，导致打嗝，继而增加溢奶的概率。因此家长除了注意喂奶姿势，每次喂奶后还要帮宝宝顺嗝。

注意：如果宝宝频繁且大量吐奶，奶液喷出呈喷射状，呕吐物呈棕色或绿色，吐奶后很难受，体重明显下降或不增长，应及时就医。

知识点

· 哺乳姿势正确、奶液流速合适、吃奶后拍嗝，能有效预防呛奶。

· 如果呛奶不严重，可让宝宝侧躺，用空心掌轻拍其后背上部，帮助宝宝排出奶液。

· 如果呛奶严重有窒息风险时，应进行必要的家庭急救并及时就医。

为防止呛奶的发生，家长应该注意喂奶姿势。宝宝吃奶的时候，头部应略高于身体，不要完全平躺。

预防呛奶，还应该注意乳汁或奶液的流速。母乳喂养时，当妈妈感觉即将来奶阵时，可以用手指轻轻夹住乳晕后部，以此降低乳汁流出速度；配方粉喂养的话，注意及时更换大小合适的奶嘴。

夹住

母乳喂养

配方粉喂养

　　预防呛奶，还可以在宝宝吃完奶后帮他打出嗝来，也就是抱着宝宝斜靠一会儿，让他将吃进去的气体排出来，使奶液顺利进入肠道。

　　如果宝宝出现了轻微的呛奶，可以让他侧躺，家长手掌微微曲起呈碗口状，轻轻拍宝宝上背部，刺激他咳嗽，把呛入的奶液排出来。注意：宝宝侧卧时，家长绝不能离开，以防发生窒息；千万不要竖抱宝宝拍背，避免奶液流到呼吸道深处。

　　奶液排出后，家长要及时用纱布巾擦掉，避免流进耳朵；如果排出的奶液呛入了鼻腔，可以用棉签轻轻擦去，注意千万不要在宝宝哭闹时探入或者探入得太深。

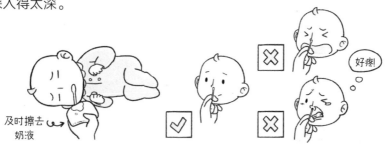

如果宝宝出现剧烈呛咳、面色涨红等情况，说明奶液很可能已进入呼吸道深处，有窒息的风险，应按窒息急救处理（具体操作方法详见《崔玉涛漫画育儿·孩子生病有办法》第 194 页）。

1岁以下的窒息急救方法　　　　　　1岁以上的窒息急救方法

如果轻拍宝宝脚底，宝宝不动、不哭、不眨眼，且呼吸困难，应立即给宝宝进行心肺复苏，同时拨打急救电话，尽快送医（具体操作方法详见《崔玉涛漫画育儿·孩子生病有办法》第 190 页）。

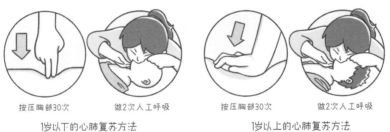

按压胸部30次　　做2次人工呼吸　　　　按压胸部30次　　做2次人工呼吸

1岁以下的心肺复苏方法　　　　　　　　1岁以上的心肺复苏方法

如果宝宝呛咳出的奶液中有绿色胆汁或其他异样物质，或者宝宝有其他异常症状，要带宝宝就医检查；如果呛奶后持续咳嗽且没有好转的迹象，也应立即就医，排查是否引发了呼吸道炎症。

有这些情况的宝宝一定要及时就医！

持续咳嗽

咳出胆汁

- 不管是母乳喂养还是配方粉喂养，健康宝宝奶量充足，就不会缺乏微量元素。
- 不应将微量元素检测作为体检普查项目。
- 盲目补充其他元素制剂，可能会影响人体微量元素的平衡。

人体中常见的微量元素包括铁、锌、铜、锰、硒等矿物质，微量元素检测通常将钙和镁等常量元素也算在内。不管是母乳喂养还是配方粉喂养，健康宝宝只要奶量充足，就不用担心微量元素缺乏。

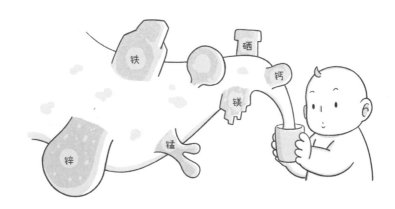

有些家长发现宝宝夜间出汗多、枕秃、头发黄等，总是将其归咎于微量元素缺乏，并倾向于去做微量元素检测。

其实,早在 2013 年国家卫生计生委办公厅就已发文:"非诊断治疗需要,各级各类医疗机构不得针对儿童开展微量元素检测。""不得将微量元素检测作为体检普查项目。"

如果宝宝生长发育正常,微量元素是不会缺乏的,没必要检测和擅自补充;即使生长发育出现问题,医生评估需要检测,也会选择更为精准的检测方式,确认缺乏后再按医嘱合理补充。

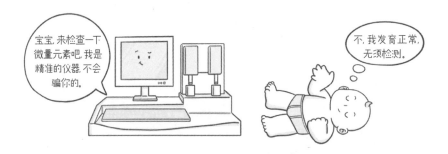

千万不要盲目给宝宝补充其他元素制剂,否则可能会影响人体微量元素的平衡。比如钙剂补充过多,会影响铁和锌的吸收。

宝宝不吃奶瓶怎么办？

- 宝宝不吃奶瓶，可以尝试在他饥饿的时候，让家人抱着用奶瓶喂。
- 如果宝宝始终不吃奶瓶，妈妈可暂时尝试不再亲自哺喂。

知识点

当妈妈母乳不足、生病吃药暂停母乳或暂时和宝宝分开时，需要用奶瓶给宝宝喂奶。

不过，很多习惯吸乳汁的宝宝会对奶瓶表现得比较抗拒，毕竟奶嘴与妈妈的乳头触感是不同的。

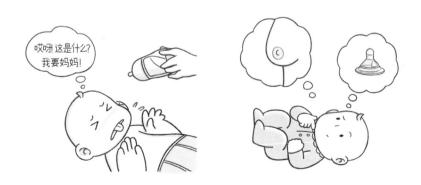

在这种情况下，在宝宝饥饿时，可以尝试让家人抱着宝宝用奶瓶喂奶，帮宝宝养成"妈妈在的时候吸乳汁，妈妈不在的时候吃奶瓶"的习惯。

如果宝宝始终执拗地不肯接受奶瓶喂养，妈妈可以尝试短时间内不再亲自哺乳，而只将母乳吸出来，放在奶瓶里喂，以帮助宝宝接受奶瓶。但这种方法是在万不得已时的无奈选择，不宜轻易尝试。

吸出乳汁　　　　　倒入奶瓶　　　　　让宝宝接受奶瓶

怎么减少夜奶次数？

- 充足的睡眠对宝宝身体的能量储备、智力发育很重要。
- 随着宝宝长大，家长要培养孩子睡整觉的能力，戒除安抚性喂奶。
- 当宝宝因求安抚而哭闹时，家长暂不要回应，逐渐拉长夜奶间隔时间。

知识点

充足的睡眠，尤其是夜间睡眠，对宝宝的生长发育非常有益。良好的睡眠有利于分泌生长激素，这对宝宝身体的能量储备、智力发育都很重要。

除了身体不适等原因外，影响宝宝夜间睡眠质量的一个很大因素是夜间喂奶。夜间喂奶有时是宝宝主动醒来且确实有吃奶的需求，有时却是家长担心宝宝饿刻意叫醒吃奶。

95

其实，宝宝睡眠时身体的代谢速度变慢，体能消耗减少，他如果感知到饿，会自己醒来吃奶，家长中途叫醒喂奶对于能量补充没多大意义，反而会影响他的睡眠。

随着宝宝长大，家长要培养孩子睡整觉的能力，尤其要戒除夜间安抚性喂奶。如果确认宝宝夜间吃奶只是求安抚，可以尝试使用安抚奶嘴，也可以让爸爸承担陪睡和安抚的工作。

宝宝因求安抚哭闹时，可以暂不做回应，延迟满足，逐渐拉长两次夜奶间隔时间，让他身体和心理都有个过渡和适应。

· 夜奶指的是夜里 12 点到清晨 6 点之间吃奶。
· 是否断夜奶，要根据宝宝的情况灵活掌握。
· 可以尝试这样断夜奶：睡前吃饱、拉长喂奶间隔、其他家人哄睡。

夜奶是指宝宝在夜里 12 点到清晨 6 点之间吃奶。当宝宝可以持续 4~6 小时不吃奶，可以试着断掉夜奶。如果夜奶过于频繁，影响了宝宝的生长发育，或者妈妈因此变得疲惫不堪，别犹豫，该断就断吧。

断夜奶时，一是睡前喂饱。临睡前可以给宝宝稍增加奶量，让他一次吃饱，推迟半夜醒来吃奶的时间。

二是拉长喂奶的间隔时间，比如从 2 小时喂一次到 4 小时喂一次。当宝宝翻身、哼唧时，不要立即抱起来喂奶，可以先静观其变，看他能不能再次自行入睡。

三是其他家人哄睡。晚上宝宝醒了之后，妈妈暂时回避，尽量让其他家人哄睡。

需要注意的是，是否断夜奶，要根据宝宝的情况灵活掌握。如果宝宝每夜都会自主醒来一两次，且吃下的奶确实不少，说明宝宝是真的饿了，家长应满足宝宝吃奶的需求。

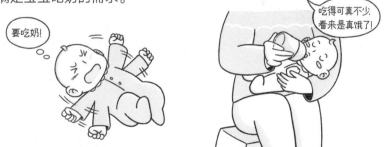

外出时怎么给宝宝喂奶？

· 准备舒适且方便的哺乳服，方便宝宝吮吸。

· 出门前准备哺乳巾等，使用时注意不要影响宝宝呼吸。

· 短途外出，可以在出门前喂饱宝宝，减少在外哺喂次数。

母乳喂养对妈妈来说很辛苦，在公共场所给宝宝喂母乳更是一个挑战。不过，提前做些准备会轻松很多。

准备舒适且方便的哺乳服，包括外衣（不是外套）和内衣。外衣最好是前开口的，内衣罩杯可以方便打开、扣上，方便宝宝吮吸。

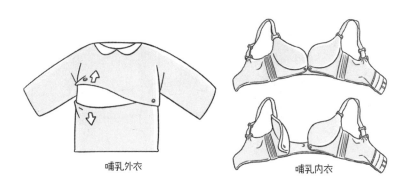

哺乳外衣　　　　　　　　　　哺乳内衣

提前看好哺乳场所，有哺乳室是最好的；如果没有，要找个私密性强的地方。如果去商场、游乐场等，一般都会有哺乳室；如果去公园，可以找找偏僻的长椅；如果去餐厅，包间是不错的选择；私家车也是可以考虑的地方。

如果实在没有合适的哺乳区域，可以让家人或朋友帮忙遮挡一下，辟出一个相对独立封闭的空间供妈妈哺乳。

出门前可以准备哺乳巾或大丝巾等物品，用来在哺乳时遮挡。妈妈可以把哺乳巾或大丝巾搭在自己和宝宝身上，注意不要影响宝宝呼吸。

如果是短途外出，为了减少在外面喂奶的次数，可以在出门前喂饱宝宝。但还是要带好外出哺乳的必备品，以备不时之需。

出门在外时，妈妈要随时关注宝宝的情况，发现宝宝有饥饿的表现，或者根据规律来讲到了吃奶的时间，就要给宝宝喂奶了，避免因为宝宝太饿而慌乱。

宝宝长得太胖，真的好吗？

- 过度肥胖危害宝宝健康，借助生长曲线关注体重变化。
- 体重增长太快大多与过度喂养有关，配方粉喂养要注意奶液浓度。
- "管住嘴、迈开腿"，既要控制饮食，也要增加运动量。

有件事你可能没想到，世界卫生组织多次表示：肥胖也是一种营养不良！

所以，家长千万要注意控制宝宝的体重增长速度。平时借助生长曲线勤观察，一旦发现体重增速过快，就得赶紧采取措施。

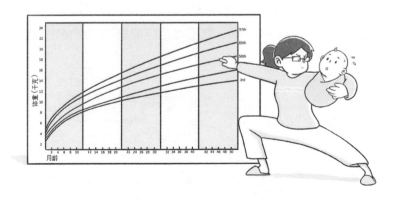

一般来说，体重增长太快，大多是过度喂养惹的祸。要想控制宝宝的体重，得注意喂养方式。

如果宝宝喝配方粉，控制体重时要额外注意奶液浓度，需严格按照配方粉推荐的比例冲调。别为了让宝宝多吃，就擅自增加配方粉量。

俗话说，想减肥就得"管住嘴，迈开腿"。想要控制宝宝的体重，除了合理饮食之外，还得增加运动量。比如，对于 2~3 个月的宝宝来说，趴就是最好的运动。

宝宝体形偏瘦就是营养不良吗?

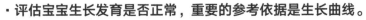

· 评估宝宝生长发育是否正常,重要的参考依据是生长曲线。
· 体质指数(BMI)曲线是判断宝宝体形是否标准的重要参考指标。
· 如果 BMI 曲线突然向下,家长要及时寻找原因。

很多家长认为,宝宝体形偏瘦就是营养不良、生长发育有问题。事实并非如此,单纯依靠视觉看胖瘦,不全面,不准确,也不科学。

评估宝宝生长发育是否正常,重要的参考依据是生长曲线,包括身长(身高)、体重、头围曲线,以及体质指数(BMI)曲线。BMI 是判断宝宝体形是否标准的重要参考指标。

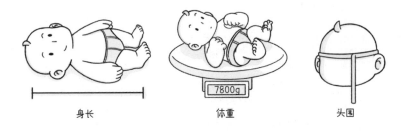

身长　　　　　　体重　　　　　　头围

如果 BMI 曲线数值较低，建议家长及时寻找原因。首先需要考虑遗传因素，如果爸爸妈妈都偏瘦，宝宝的体形通常不会很胖。

如果 BMI 曲线数值突然降低，家长要排查宝宝近期活动量是否增加，或者进食量是否突然减少。

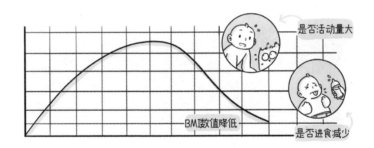

如果宝宝进食量正常，但是体重一直不增长甚至下降，还应考虑是否患有慢性疾病，过敏、先天性心脏病等，都可能会影响宝宝的体重增长。

宝宝吃多少，谁来决定？

知识点

· 孩子能够自己掌握进食量，家长不要过于焦虑吃得多与少。
· 每个宝宝的消化吸收能力不一样，能接受的喂养量和喂奶次数也不一样。
· 评估宝宝生长发育的标准，应参考生长曲线。

宝宝吃得少，有的家长担心影响生长发育；宝宝吃得多，又担心会撑着。其实，宝宝能自行把握进食量，家长没必要过于担心。

如果是配方粉喂养，包装盒上会标注喂食量以及喂养次数，家长可以参照。需要注意的是，这只是一般标准。

每个宝宝的消化吸收能力不一样，所以能接受的单次喂养量及喂奶次数不尽一致。一般来说，实际奶量与推荐量相差 20% 以内都是正常的。

如果是母乳喂养，有的妈妈会焦虑不知道宝宝到底吃了多少奶。这种担心也是多余的，因为宝宝能够自己判断饥饱，能够决定自己吃与不吃。

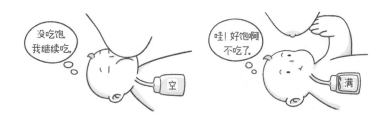

评估宝宝生长发育情况，不应以喂养量和喂养次数为标准，而应参考生长曲线。只要生长曲线正常，吃得多点儿少点儿都没关系。如果生长曲线一段时间内出现大波动，则需要咨询医生。

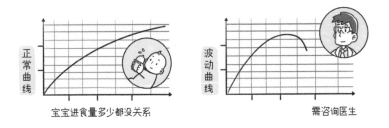

监测早产宝宝体重，有什么作用？

知识点

· 早产宝宝出生后几天，体重也会出现生理性下降。

· 判断早产宝宝喂养情况主要参考体重曲线。

· 早产宝宝需要使用专用生长曲线，直到胎龄 50 周。

· 早产宝宝生长曲线有两条，可反映其追赶生长情况。

早产宝宝的出生体重通常在 2500 克以下，在出生后的最初几天，也会和足月宝宝一样，出现正常的生理性体重减轻。

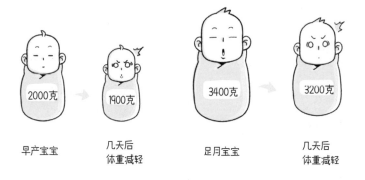

早产宝宝   几天后   足月宝宝   几天后
体重减轻   体重减轻

通常，如果早产宝宝体重下降幅度没有超过出生体重的 7%，那么出生后 5 天体重会慢慢增长，逐渐恢复到出生体重。遇到这种情况，家长不用太过担心，严密监测即可。

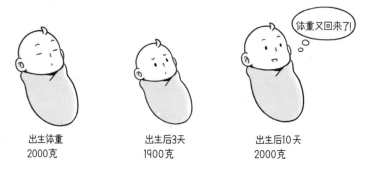

出生体重   出生后3天   出生后10天
2000克   1900克   2000克

如果早产宝宝的体重下降过多，降幅超过了出生体重的 7%，或者体重长时间没有增长，家长要提高警惕，及时向医生咨询。

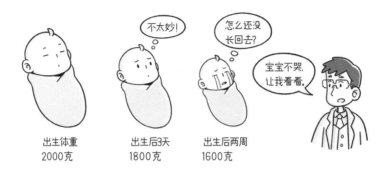

早产宝宝吮吸能力较弱，并且胃容量小，判断宝宝是否吃饱，主要参考体重变化。所以家长要常给宝宝称体重，绘制生长曲线，以便发现异常及时干预。

需要提醒的是，早产宝宝有自己专用的生长曲线，一般用到胎龄 50 周，之后就可以使用和足月宝宝相同的生长曲线了。

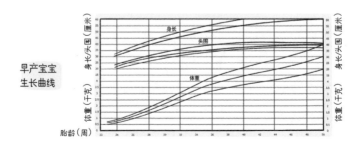

生长曲线呈现阶梯状正常吗？

知识点

· 生长快慢不一、测量误差、运动量增加，都会导致生长曲线
  呈阶梯状。

· 只要生长曲线在正常范围内，且整体趋势是增长的，就不用
  担心。

· 宝宝身长、体重增长过缓，应及时就医。

　　细心的家长可能会发现，宝宝的生长曲线不是平滑的，而是呈现阶梯状；
这主要有三个原因：一是生长并非绝对匀速。比如身长，会在一段时间内增
长较快，随后增速放缓，接下来可能又开始快速增长。

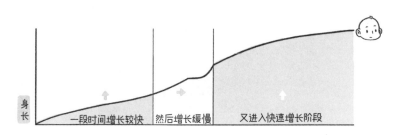

二是存在测量误差。以身长为例，宝宝好动，可能这次测量比较放松，
数值相对准确；下次测量有点儿紧张，数值就没有那么精准，从而出现一些
误差。将这些数值连起来，就是一条阶梯状的生长曲线。

宝宝放松，测量相对准确　　　　　　　　宝宝紧张，测量会有误差

三是运动量增加。随着月龄增长，宝宝慢慢学会了翻身、坐、爬等，运动量会越来越大，体力消耗也逐渐增加，体重增长速度就会有所放缓，体重生长曲线的走势也会呈现阶梯状。

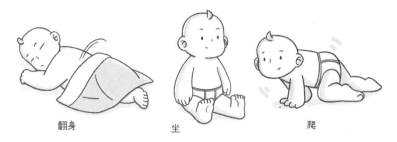

翻身　　　　　　　　　坐　　　　　　　　爬

总的来说，宝宝的生长曲线呈阶梯状是很正常的，只要身长、体重在第 3 百分位和第 97 百分位之间，且整体趋势是增长的，就不用担心。千万不要和别人家的宝宝比。

如果宝宝的身长、体重均增长缓慢，家长应尽早带宝宝就医，查找原因并及时干预。

第四部分

辅食喂养

为了满足宝宝的生长发育，需要适时添加辅食。辅食应该何时添加，有哪些原则，第一口辅食吃什么，每个阶段怎么吃……一步一步学起来吧！

> **知识点**
> · 一般来说，足月宝宝满 6 月龄（180 天）起，要开始添加辅食。
> · 辅食指的是提供给 6~18 月龄宝宝除母乳和配方粉之外的所有固体和液体食物。
> · 吃辅食对宝宝咀嚼能力、手眼协调能力、颌骨发育等都有促进作用。

随着宝宝的生长发育，母乳或配方粉已经无法满足身体所需，宝宝的胃肠等消化器官也已经得到了发育，因此，通常足月宝宝满 6 月龄（180 天）起，家长要给他添加辅食。

如果是早产宝宝，建议综合矫正月龄来决定辅食添加时间。矫正月龄 = 实际月龄 −[（40 周 − 出生时孕周）/4]。比如，孕 32 周出生的宝宝，出生 6 个月等于矫正月龄 4 个月。

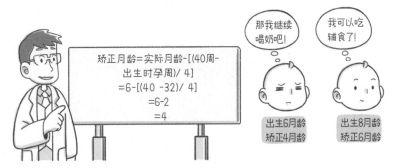

辅食指的是提供给 6~18 月龄宝宝除母乳和配方粉之外的所有固体和液体食物，包括米粉、蔬菜、蛋黄、肉、米汤、鲜牛奶等。

之所以称为辅食，是因为这期间宝宝应以奶为主，尤其对辅食添加初期的宝宝来说，其意义在于让孩子接触奶之外的食物，感受固体食物，熟悉餐具、餐椅等，从而了解吃饭的意思。

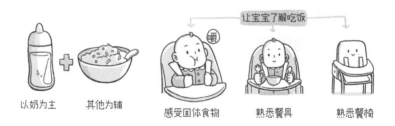

吃辅食对宝宝能力的锻炼也有促进作用。比如，辅食添加由稀到稠、由细到粗的过渡，可以培养孩子的咀嚼和吞咽能力；学习将勺子准确放到嘴里，能够培养手眼协调能力；咀嚼辅食的过程，能促进宝宝的颌骨发育，刺激乳牙萌出。

从添加辅食开始，家长就应注意培养孩子的规律进食时间。辅食添加初期，可以选择上午添加一次；之后可以选择上午、下午各添加一次。

当辅食添加一段时间，宝宝已经习惯的时候，可以慢慢调整就餐时间，与大人同步。与家人一起就餐，可以提高宝宝的食欲。

辅食通常尽量安排在喂奶之前，先吃辅食后吃奶，一次性让宝宝吃饱。如果宝宝偏爱辅食，建议先吃奶；如果偏爱吃奶，就先让他吃辅食。

- 由于个体差异，何时添加辅食要结合宝宝的实际情况具体分析。
- 当宝宝有了足够的活动能力和进食技巧，说明他做好了接受辅食的准备。
- 切勿过早添加辅食，避免宝宝胃肠不适。

知识点

《中国居民膳食指南（2016）》明确指出：婴儿应在满 6 月龄（出生后 180 天）起添加辅食。但是，宝宝的生长发育有很大的个体差异，所以还要结合宝宝的实际情况具体分析。

通常来说，当宝宝同时有以下表现，说明他已经做好了接受辅食的准备。

一、掌握身体技能，能在协助下坐好，趴下时能用手臂撑起身体，伸手抓东西。

二、具备进食技巧，勺子靠近嘴边能张开嘴巴；勺子放入口中，嘴巴能合起吞咽食物。

三、会表达饥饿信息，对食物感兴趣，表现出十分想吃的样子。

四、会表达饱腹信息，吃饱了会转头远离勺子，或注意力不再集中，表示不想再吃。

五、排除疾病原因，只喝奶已不能满足宝宝的营养需求，比如体重不再增长或增长放缓。

添加辅食并不难，要综合考虑宝宝的月龄、活动表现、进食能力等。如果宝宝还没有释放出上述信号，别心急。过早添加辅食，可能会增加宝宝胃肠不适的风险。

> · 给宝宝添加辅食，应结合宝宝接受度，遵循一定的辅食添加原则。
>
> · 辅食添加原则：种类从单一到多样，冲调由稀到稠，添加量由少到多，制作由细到粗，每餐营养均衡。
>
> 知识点

种类从单一到多样：在添加婴儿营养米粉 2 周后且宝宝接受良好，逐步添加菜泥、果泥、肉泥等。注意每次只添加一种新食材，并观察三天，如没有不良反应，再添加另一种。

米粉　　　　　菜泥　　　　　果泥　　　　　肉泥

冲调由稀到稠：辅食添加初期，宝宝吞咽能力及消化能力尚未发育完全，冲调要稀一点儿，之后再慢慢过渡到糊状，逐渐加稠。

初期偏稀　　　　　之后糊状　　　　　后期加稠

添加量由少到多：宝宝适应吃辅食需要时间，因此不管添加哪种辅食，都应该先少量添加，然后根据宝宝的接受度逐渐增加量。

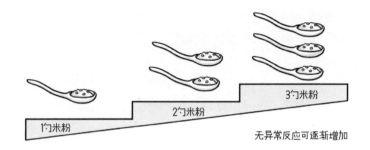

无异常反应可逐渐增加

制作由细到粗：宝宝没出牙或刚刚出牙的时候，还不能咀嚼食物，所以要给他吃泥糊状的食物。然后根据出牙情况及咀嚼能力，逐渐添加粗颗粒食物。

每餐营养均衡：宝宝接触了多种食物后，应该保证每餐都有主食（占一半）、菜、肉。为了避免偏食，在开始阶段，可以将主食和菜肉等食材混合在一起。

给宝宝吃辅食的工具，你准备好了吗？

- 在给宝宝添加辅食前，家长要准备好辅食用具。
- 要让宝宝习惯坐在餐椅里进食，培养良好的饮食习惯。
- 给宝宝加工食材，建议使用专用的菜板和刀具，生熟分开。

知识点

在给宝宝添加辅食之前，家长要做好辅食添加的用具准备。要把丰富新鲜的食材制作成健康美味、符合宝宝生长发育需要的辅食，有许多东西需要准备。

营养健康又全面!

碗和勺：给宝宝准备的碗和勺，一定要确保材质安全。勺子最好是软头的。造型可爱的餐具能够吸引宝宝的注意力。

我们造型可爱!

软头勺

餐椅：每次进食时都坐在专门的餐椅里，可以培养宝宝良好的饮食习惯。选择餐椅时，要注意安全性，结构和防护措施有保障；不能太花哨，避免分散宝宝吃饭时的注意力。

围兜或罩衣：为了防止宝宝吃辅食的时候弄脏衣服，可以选择 2~3 件易清洗、易穿脱的围兜或罩衣。

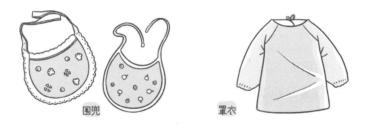

菜板、刀具：给宝宝加工食材时，最好使用专用的菜板和刀具，还应生熟分开，保证宝宝的食物安全。

锅：给宝宝做辅食量比较少，准备一套小的锅具会很方便，包括蒸锅、煮锅等。

蒸锅　　　　　　　煮锅

研磨碗、辅食机：宝宝刚接触辅食时要吃泥糊状食物，之后慢慢过渡到大颗粒食物。借助研磨碗、辅食机等工具，操作起来会便捷得多。

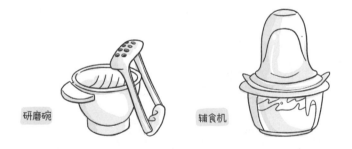

研磨碗　　　　　　辅食机

辅食盒：有些根茎类菜的菜泥、肉泥等，家长可以一次多做一些保存起来，供多次食用。放在辅食盒里冷冻保存，取用很方便。

辅食盒

·给宝宝的第一口辅食，建议选择富含铁的婴儿营养米粉。
·给宝宝的米粉种类应与家庭饮食习惯相同，以提高接受度。
·给宝宝添加米粉，要从流质到半流质再到糊状，逐渐过渡。

基于宝宝对铁的需求和我国的传统饮食习惯，给宝宝的第一口辅食，推荐高铁的婴儿营养米粉。建议选择品质有保证的正规品牌产品。

为了让宝宝更好地适应，米粉的种类要与家庭饮食习惯相同。如果家里常吃大米，建议给孩子添加大米米粉；如果家里习惯吃燕麦，可以给孩子选择燕麦米粉。

不管选择哪种米粉，在添加初期，建议选择单一谷物成分的纯米粉，避免混合谷物米粉。避免一次性让宝宝接触多种食材，可以减少过敏后的排查难度。

如果宝宝之前吃的是母乳，提醒家长要谨慎选择含牛奶成分的米粉，避免宝宝出现牛奶蛋白过敏。

冲调米粉时，先把米粉放到碗里，缓慢倒入温开水，同时用勺子向同一个方向搅拌至均匀。如果出现结块，可用勺子压散。

冲调米粉时，建议用温开水，不要用果汁或奶液，以免甜味盖住了米粉原来的味道，不利于宝宝味觉发育。

由于宝宝吞咽能力有限，胃肠吸收能力弱，初添加时要把米粉冲调得比较稀，提起勺子后米粉糊要能够连续淌下来，之后从流质到半流质再到糊状逐渐过渡。

给宝宝吃米粉时，即使米粉冲调得再稀，也要使用碗和勺，不要使用奶瓶。这可以训练宝宝的卷舌、咀嚼、吞咽等能力。

知识点

· 市售辅食易储存，且添加的营养素相对更丰富。
· 自制辅食能保证食材新鲜、制作过程卫生，还能让宝宝尽快适应家庭饮食习惯。
· 市售辅食和自制辅食各有优劣，家长可以根据实际情况进行选择。

　　关于宝宝辅食，有些家长愿意选择市售产品，有些家长热衷于在家自己做辅食给宝宝吃。市售辅食和自制辅食，哪种更好呢？

　　市售辅食方便储存，里面添加了宝宝生长发育所需的营养素。

如果选择市售辅食，家长要注意在辅食添加初期，选择单一食材的产品。这样一旦出现过敏反应，容易排查过敏原。

如果购买国外的品牌，要选择可靠的购买渠道，还要了解自己与生产国的饮食习惯差异。比如德国宝宝添加肉泥较早，而肉泥尤其红肉泥含铁丰富，因此德国有些品牌的米粉不含铁。因此家长在选购时需要做好功课。

市售辅食比如菜泥、果泥因为保存时间较长，新鲜度会差一些，也会有营养流失。有些市售辅食出于口感考虑，会添加糖、盐等调味料，家长注意不要给 1 岁以下宝宝食用。

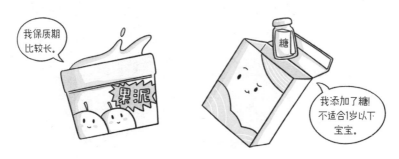

在家里给宝宝做辅食，能够最大程度地保证食材新鲜、干净卫生。宝宝还可以参与到制作过程中，尽快适应家庭饮食习惯。

自制辅食在营养素的丰富程度上不如市售辅食，比如自制米粉，只含有谷物本身的营养，缺少其他营养素。

市售辅食和自制辅食各有利弊，家长可以根据自己的需要和实际情况选择。比如，外出游玩时可以带上市售辅食；有时间了，就在家自己做。

> 知识点
> ·人体不能生成铁，只能依靠外界补充获得。
> ·当宝宝开始添加辅食后，需要通过辅食来补铁。
> ·预防贫血和治疗轻度贫血，可以选择食补的方式。

血红蛋白是血液的重要成分，而铁是合成血红蛋白的重要微量元素。如果人体内的铁含量降低，血红蛋白就会减少，红细胞变少就会出现缺铁性贫血。

需要说明的是，人体不能生成铁，只能通过外源性补充获得。预防贫血或者治疗轻度贫血，可以靠食物补铁；如果贫血严重，则需要遵医嘱使用补铁剂。

通常来说，足月出生的健康宝宝 6 月龄内不用补铁，因为出生前从妈妈体内获得的铁，已经足够宝宝这一阶段的身体所需。

当宝宝满 6 月龄开始添加辅食后，家长就要通过辅食给宝宝补铁。在日常饮食中，很多食物都含有铁元素。

富含铁的婴儿营养米粉：基于宝宝的消化吸收能力和补铁需要，可以将富含铁的婴儿营养米粉当作宝宝的第一口辅食。

绿叶菜：绿叶菜中含有丰富的叶绿素，叶绿素中含有铁，绿叶菜是比较好的补铁食物。注意在开水中焯一下就可以。通常当菜叶颜色变成深绿色时，捞出来剁碎即可，以免破坏其中的营养素。

红肉：指的是猪肉、牛肉、羊肉等。红肉含铁量很高，而且因为含有丰富的肌红蛋白，使得铁可以直接被人体完整吸收，是非常推荐的补铁食物。

需要注意的是，适当多吃含铁食物不等于只吃含铁食物。其他块茎类菜、白肉等虽然含铁量不高，但富含其他营养素，宝宝仍然需要均衡饮食，保证营养全面。

- 宝宝在生长发育过程中，身体对钙的需求很高。
- 家长应通过食物给宝宝补充钙，奶制品可作为钙的重要来源。
- 奶制品种类丰富，家长可以根据实际需要选择。

知识点

宝宝处在生长发育的关键阶段，这一阶段身体对钙的需求很高。这并不代表要补充营养剂，家长要做的是保证孩子从食物中摄入足够的钙。奶制品含钙量丰富，是补钙不错的选择。

鲜牛奶：宝宝满 1 岁后，胃肠功能更成熟了，可以尝试鲜牛奶。但鲜牛奶含有完整的蛋白，致敏性强，因此需要先确认他是否对牛奶过敏。一开始少量添加，观察宝宝是否出现过敏反应。如果不过敏，再开始常规添加。

奶酪：奶酪是经发酵的牛奶制品。比起鲜牛奶的蛋白，奶酪中的蛋白质经过分解，更容易被消化吸收；此外，其中所含的钙和磷，能够促进骨骼、牙齿发育。小宝宝咀嚼能力差，家长可以将奶酪磨碎，加在食物里面给宝宝吃。

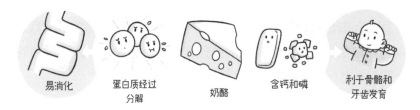

易消化　　蛋白质经过　　奶酪　　含钙和磷　　利于骨骼和
　　　　　　分解　　　　　　　　　　　　　　　牙齿发育

酸奶：酸奶除了含有牛奶中的营养素外，还含有乳酸杆菌。乳糖不耐受或者胃肠消化吸收功能较弱的人，可以用酸奶替代鲜牛奶。需要注意的是，为了口感，有些酸奶会添加较多的糖。建议给宝宝选用含糖量低或不含糖的酸奶。

酸奶可代替鲜奶　含乳酸杆菌和　酸奶　有些酸奶　可选含糖量低
　　　　　　　　丰富的营养素　　　添加糖过多　或不含糖的酸奶

奶油：奶油脂肪含量高，一般用于制作蛋糕或面包。从健康角度考虑，不建议经常大量食用。如果给宝宝吃奶油，可优先选择相对健康的动物奶油。此外，给宝宝选择奶油时，要注意选择少糖或无糖的，以减少患龋齿的风险。

可选择健康的　脂肪含量很高　奶油　注意选择少糖或
动物奶油　　　　　　　　　　　　　　无糖的

宝宝饮食阶段性有变化，正常吗？

· 宝宝逐渐长大，饮食结构也会随之变化。

· 奶，从宝宝的唯一营养来源，逐渐成为一种营养补充。

· 应确保宝宝的食物种类多样化，营养丰富且均衡。

知识点

　　随着宝宝的生长发育，宝宝的饮食结构也在变化，从前 6 个月全是奶，到 6 个月后以奶为主、辅食为辅，再到 1 岁半左右以饭菜为主、奶为辅，慢慢过渡。

　　这是因为，宝宝处于身体生长的快速时期，对食物的需求大大增加，他需要更多热量来提供能量，奶逐渐成为一日三餐外的营养补充。

饮食转变时，宝宝一开始可能有些不适应，家长准备的食物要多样化，以吸引宝宝进食，还要尽可能全面、均衡，保证营养充足。

为了保证能量摄入，两餐之间可以给宝宝提供一次健康的零食。注意：餐前不要给零食，以免影响正餐。

饮食转变期间，尤其要树立正确的饮食观念。家长要以身作则，不能随意吃零食，不能吃不健康的食物，全家一起健康饮食。

如何给早产宝宝添加辅食？

早产宝宝的辅食添加时间，要以矫正月龄满 6 个月为准。例如宝宝在胎龄 32 周时出生，那么按照矫正月龄公式计算，要在出生后 8 个月时再尝试添加辅食。

如果宝宝矫正月龄没有满 6 个月，但是看到大人吃饭时会紧紧盯着食物，或者出现吞咽动作，可以考虑提前添加辅食。

如果宝宝奶量充足，没有生病，生长曲线却开始出现放缓的趋势，可以在医生同意后考虑添加辅食。

需要注意的是，早产宝宝第一口辅食，也建议选择高铁的婴儿营养米粉。添加时同样要注意遵循由稀到稠、由少到多、由细到粗的原则。

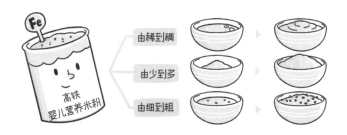

每次给宝宝尝试新食材，要保证其余所吃的食物都是宝宝已经适应的食材，并要观察三天确认宝宝没有出现过敏反应，再开始添加其他新食材。

第五部分

添加辅食
可能遇到的问题

辅食添加过程中，可能会遇到很多问题，比如体重下降了，大便有问题了，食物过敏了，没食欲不想吃，等等。获取正确解决方案，就能轻松应对。

宝宝拒绝吃辅食，怎么办？

宝宝拒绝吃辅食时，家长不要强迫他吃下去。强迫会使得孩子对食物更抵触。让孩子保持对食物的兴趣是最好的方式。

拒绝吃辅食的原因可能是不适应新食物，家长要给予更多的耐心，坚持让宝宝少量尝试，给他接受的时间。

如果是在两顿奶之间添加的辅食，且时间间隔不长，那么他拒绝的原因很可能是还不饿。家长要调整喂养时间，在他饥饿的时候先喂辅食再喂奶。

有的宝宝可能对金属勺或瓷勺比较敏感，会觉得刺激口腔和牙龈，因此拒绝辅食。家长可以根据情况变换餐具。

如果宝宝不喜欢食物的气味，他会拒绝进食；如果辅食中有宝宝过敏的食材，那么食物进入口腔后会导致口腔或咽喉不适，他也会把食物吐出来。

宝宝吃辅食后为何体重下降了?

很多家长会觉得，添加辅食等于多了一个营养来源，宝宝体重应该快速增长，然而实际上宝宝体重增长非常缓慢甚至下降了。如果存在这个情况，家长需要反思一下日常喂养。

体重增长缓慢甚至下降，可能与宝宝挑食、偏食、食欲差有关。家长需要排查平时给宝宝吃东西次数是否太多，零食给得是不是太频繁，等等。

还有一种情况是绝对进食量不足，比如粥、面等主食吸水膨胀，看似"一大碗"，其实实际的量并不多，热量不够，营养不足，导致体重增长缓慢。

饮食搭配不合理会导致相对进食量不足，比如主食少肉菜多，这种搭配往往能量摄入不够。推荐每餐应包含主食和肉菜，且主食至少占一半。

体重增长缓慢甚至下降，还可能与宝宝消化不良有关。如果宝宝大便中有很多未消化的食物颗粒，说明食物太粗，胃肠无法消化，家长应根据宝宝的咀嚼能力决定食物的性状。

如果体重增长缓慢甚至下降，且大便量和次数突然增多，但性状正常，这可能是因为宝宝吸收不良，多发生在胃肠道出现损伤或腹泻后。

如果宝宝患有慢性疾病（过敏、长期腹泻、呕吐、严重湿疹），也可能会影响体重。比如湿疹严重时皮肤可能会渗出含大量白蛋白的体液，甚至可能导致低蛋白血症，从而影响体重。

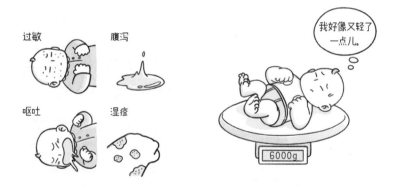

此外，如果宝宝患先天性心脏病、先天性肾脏病、慢性肺部疾病等慢性消耗性疾病，想维持正常的生长需要更多能量，可能也会影响体重增长。

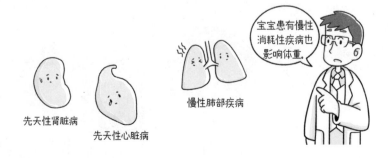

> ·判断食物过敏的金标准是"回避＋激发"试验。
> ·治疗过敏应在医生指导下进行，不能擅自给宝宝"治疗"。
>
> 知识点

　　有些宝宝进食某种食物后，会出现起疹子、口周红肿、腹泻等症状，这可能是过敏引起的。判断食物过敏有一个金标准——"回避＋激发"试验。

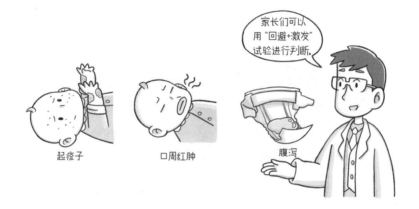

起疹子　　　　口周红肿　　　　　腹泻

家长们可以用"回避+激发"试验进行判断。

　　怀疑对某种食物过敏，可以先回避它，如果症状明显好转，说明"回避"试验呈阳性；回避一段时间后，再次给宝宝尝试该种食物，如果症状再次出现，则说明"激发"试验呈阳性，可以确定宝宝对该食物过敏。

怀疑宝宝食物过敏　　锁定可疑食物　　回避一段时间　　再次提供该食物　　症状再次出现（确定过敏）

弹

以吃鱼为例。宝宝吃鱼后身上起了红疹，停止吃鱼后红疹消退，再次吃鱼后红疹又出现了，则可以确定宝宝对鱼过敏。如果家长无法自行判断，应及时带宝宝就医，在医生指导下查找过敏原。

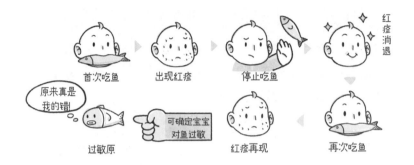

治疗过敏应遵医嘱，首要的是回避过敏原。医生会根据宝宝的情况治疗，比如用激素或抗组胺药物缓解不适，或服用益生菌进行辅助治疗。如果用益生菌，最好先进行肠道菌群检测，再选择合适的菌株。

此外，冲好的益生菌应尽快服用，随冲随吃，避免长时间暴露在空气中，影响活性及效果。

· 添加辅食后，宝宝大便很可能会出现颜色、性状、气味的变化。
· 当大便出现异常，而宝宝的饮食、精神状况等都不错，那就不要惊慌，只需排查下都吃了什么。

　　宝宝添加辅食后，大便可能会异于以前，出现各种各样的颜色、性状和气味。遇到这些情况，家长不要过于担心，保持镇定，仔细分辨。

　　如果宝宝饮食正常、精神状态也不错，家长可以考虑宝宝的饮食影响了大便颜色、性状、气味。

如果宝宝吃了胡萝卜或南瓜泥，大便就会变为橙色；如果吃了剁碎的绿叶菜，大便会变绿，并且可能有蔬菜碎渣；如果吃了猕猴桃，大便里可能会有黑色的种子；如果吃了香蕉，大便中可能会有黑点和黑线；如果吃了红心火龙果，大便可能呈红色。

除了颜色的变化，添加辅食之后，宝宝的大便性状和气味也会发生明显的变化，比如会明显地变稠，有时甚至成条状，气味也会明显变臭。

如果吃了辅食，宝宝大便出现了异于之前的颜色、性状或气味，先不要惊慌，排查过后你可能会发现，这是添加辅食造成的。

· 宝宝突然不爱吃饭，可能是因为热衷于探索周围事物。
· 宝宝自主意识增强，也可能出现不愿意吃饭的情况。
· 当宝宝出牙的时候，不适会导致宝宝食欲下降。

知识点

　　宝宝突然不爱吃饭，可能是对探索周围事物的兴趣更大，比如更热衷于爬行、走路探索家里的角落等。注意力转移了，因而忽略了每天相对单调且重复的活动——吃饭。

　　孩子某一次不吃饭，却有食物等他来吃，他可能会意识到"即使这会儿不吃，稍微晚点儿还能吃到"，就更不会为了吃饭停止做别的事情。

宝宝逐渐长大，自主意识增强，想要成为自己饮食的决定者，就可能会出现不愿意吃饭的情况。家长不妨多观察，同时给他一些吃什么、吃多少的自主权。

当宝宝出牙的时候，不适会导致食欲下降。特别是第一颗臼齿萌出，疼痛不适很可能影响宝宝的胃口。出牙不适减轻后，宝宝就会恢复食欲。

需要注意的是，家长如果发现宝宝同时存在体重下降多、精神不振、皮肤干燥等异常情况，要及时就医，请医生帮忙排查。

·咀嚼能力不是与生俱来的,需要后天训练。
·家长给宝宝喂饭的时候,可以嚼口香糖示范咀嚼。
·给宝宝性状适宜的辅食,提供机会练习咀嚼。

知识点

咀嚼是消化食物的第一步,也是促进消化液分泌的关键。不过,咀嚼能力并非与生俱来的,需要后天不断训练。

咀嚼时需要舌头、牙齿、面部及口腔肌肉、口唇等各部位相互配合,如果这些部位缺乏锻炼,宝宝咀嚼能力较差,可能会影响进食、发音等。

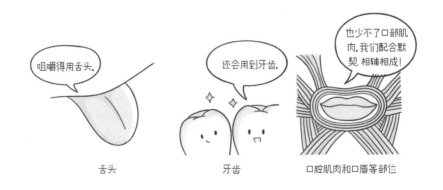

舌头 牙齿 口腔肌肉和口唇等部位

宝宝满 6 月龄添加辅食后，即便还没有出牙，家长也可以有意识地训练宝宝咀嚼。因为宝宝要先学会咀嚼的动作，才慢慢具备咀嚼的能力。

　　训练宝宝咀嚼，初期家长可以在喂饭时嚼一块口香糖进行示范，让宝宝模仿咀嚼的动作。当宝宝可以独立吃饭时，要全家共同进餐，家长继续示范咀嚼。在添加辅食的过程中，要遵循"由稀到稠、由细到粗"的原则，为宝宝提供更多练习咀嚼的机会。

食物性状是怎么帮助锻炼宝宝咀嚼能力的?

· 辅食添加应遵循"由稀到稠、由细到粗"的原则。

· 宝宝大便中有少量未消化食物颗粒属于正常。

· 给宝宝较粗的食物时,要有意识锻炼宝宝咀嚼能力。

知识点

为宝宝做辅食,要遵循"由稀到稠、由细到粗"的原则,就是说让辅食中的水量逐渐减少,而食物的性状要逐渐从泥糊状过渡到细小的颗粒状。

稀　　　　稠　　　　细　　　　粗

大部分宝宝在 10 月龄左右已经掌握了咀嚼的动作,并且有乳牙萌出,可以开始尝试稍粗一些的食物。家长可以不再用辅食机,而是用研磨碗等把食物稍打碎,锻炼宝宝的咀嚼能力。

我10个月啦!
长牙啦!

轮到我上场啦!

研磨碗

食物性状变粗后，宝宝大便中有少量未消化的食物颗粒属于正常，家长不用过于紧张。但如果未消化的食物颗粒较多，则要将食物做得再细一些，并要有意识锻炼宝宝咀嚼。

为宝宝准备稍粗的辅食，除碎面条外，还可以选择粥。煮粥时，先将米用冷水浸泡半小时，让米充分膨胀，之后再将米和泡米的水一起煮。

①将米用冷水浸泡半小时　　②使米充分膨胀　　③将米和泡米水一起煮

如果煮肉粥或菜粥，最好提前准备好熟的肉末或菜末，在粥快煮好时放入，让每样食材都能保持各自的味道。

肉或菜提前加工成碎末状　　　　　　在粥快煮好时放入

· 手指食物可以帮助宝宝锻炼手部精细动作。
· 手指食物推荐磨牙饼干，既安全又方便抓握。
· 辅食添加初期，不建议把黄瓜条、萝卜条当作手指食物。

知识点

当宝宝主动用手抓取食物的时候，家长就要准备能够用手抓或捏的食物了。这类食物叫手指食物，可以帮助宝宝锻炼手部精细动作，方便宝宝以后使用勺子。

手指食物推荐磨牙饼干。磨牙饼干方便抓握，而且非常硬，不容易咬断。而随着宝宝啃咬很快就能被唾液溶化，不会发生呛噎。

除了磨牙饼干，其他成形的、方便宝宝拿捏抓握、易嚼的食物，都可以作为手指食物，帮助宝宝练习咀嚼和抓握拿捏。

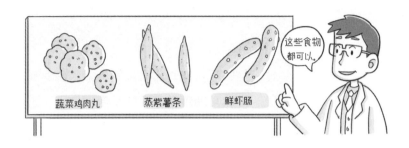

需要注意的是，辅食添加初期，不建议把黄瓜条、萝卜条（即使是蒸熟后也不推荐）当作手指食物。因为这些条块不容易嚼，咀嚼和吞咽能力不好的宝宝吃起来有呛噎风险。

当宝宝咀嚼和吞咽能力发展后，可以将手指食物换成薄片状或块状食物，让宝宝体验多重口感，同时锻炼精细动作。

- 为了保证营养全面，家长应尽量避免宝宝挑食、偏食。
- 给宝宝准备的食物，要综合考虑营养与味道。
- 进食过程中，示范和引导非常重要，家庭成员要以身作则，均衡饮食。

知识点

　　随着宝宝长大，辅食种类增加，面对众多食物，宝宝会表现出一些饮食偏好。为了保证营养全面，家长应尽量避免这种情况。排除疾病原因后，家长应从养育角度加以引导。

　　可以尝试把宝宝喜欢和不喜欢的食物混合在一起给他吃。不同味道的食物分开放在面前，客观上像是给了宝宝一道选择题，使他有选择喜欢食物的机会。

给宝宝准备的食物，要综合考虑营养与味道。相比把三四种绿叶菜混合在一起给宝宝吃，更推荐将绿叶菜与块茎类菜混合，比如胡萝卜、红薯等，在口味上宝宝更易接受。

进食过程中，示范和引导非常重要，家庭成员要以身作则，均衡饮食，不能有挑食、偏食的现象。

不要给宝宝吃口味比较重的食物，因为宝宝尝试过口味重的食物后，会排斥清淡的食物，不利于良好饮食习惯的养成。

家长可以让宝宝参与食材购买，带他一起去菜市场或超市，请他帮忙挑选食材。

制作食物的过程中，可以邀请宝宝一起参与，比如洗洗菜、将切好的食材放进餐盘备用、一起包包子、做面食等，还可以在保证安全的前提下，让他观察食物烹饪的过程变化。

饭菜上桌后，家长可以稍夸张地表扬宝宝，然后吃宝宝参与制作的食物（可能就是他以往不喜欢的），并且发出赞叹。让宝宝也尝尝，让他感受到成就感。

第六部分

培养宝宝的饮食习惯

培养良好的饮食习惯，可以为形成良好的生活习惯打下基础。如何让宝宝习惯坐餐椅，如何引导宝宝自己吃饭，如何应对宝宝吃饭慢吞吞……看过来！

知识点

- 在吃饭这件事上，宝宝出现"行为退化"很正常。
- 宝宝拒绝自己进食，家长要包容，千万不要斥责。
- 随着年龄增长，宝宝会顺利过渡到自主进食的阶段。

前段时间宝宝已经试着自己吃饭了，现在却必须家长喂才肯吃，出现了"行为退化"。这是为什么呢？从宝宝的心理角度出发，其实他很矛盾，既想快点儿长大，又不想失去作为小宝宝的"优待"。

面对这一"行为退化"，家长要包容，千万不要斥责宝宝。宝宝想要喂饭，满足他的需求就可以了。随着年龄增长，宝宝会带着满满的安全感自行化解这一矛盾，顺利进入独立进食阶段。

当然，也不必走极端，宝宝不要求喂饭却非要去喂。要尽量给宝宝创造自主进食的机会，比如提供手指食物，把餐具放在宝宝触手可及的地方，等等。

当宝宝尝试自己吃饭时，家长要及时给予肯定和鼓励，强化独立进食的行为。同时，在日常生活的其他方面给宝宝充分的爱，让他感受到即使不再喂饭了，家人依然很关注他。

怎么帮助宝宝习惯坐餐椅里吃饭？

> · 让宝宝坐在餐椅中进食更安全，有助于养成良好的进食习惯。
>
> · 如果宝宝对餐椅很抵触，不要强行将他放进去，而应积极寻找原因。
>
> · 宝宝刚开始体验餐椅时时间不要太久，之后可以逐渐延长。

宝宝坐在餐椅中有助于上半身直立，降低了因身体蜷缩导致的呛噎风险，进食更安全；另外，宝宝坐在餐椅中能够更加专注地进食，养成良好的进食习惯。

如果宝宝对餐椅很抵触，家长不要强行将他放进去，不要斥责他，应该积极寻找原因，有针对性地解决。

宝宝抵触餐椅，可能是餐椅坐着不舒服，家长可以试着排查是不是座椅太硬、安全带太紧、空间太小等。可以尝试放一个坐垫或靠枕，或者松一下安全带等。

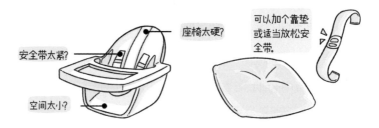

餐椅空间相对狭小，宝宝会有束缚感，进而产生恐惧和排斥。家长可以在宝宝心情愉快的时候，让他坐在餐椅里玩一会儿，但不要留下他一个人。

宝宝刚开始体验餐椅时，时间不要太长，家长要根据宝宝的反应逐渐延长他坐在餐椅里的时间。

> · 宝宝慢慢长大，需要从奶瓶过渡到用杯子喝奶或喝水。
> · 开始使用杯子时，家长可以尝试用鸭嘴杯或者吸管杯。
> · 宝宝成功学会用杯子喝水，家长要及时鼓励和表扬。

随着生长发育，宝宝需要学习使用杯子喝水或喝奶，这对于戒掉奶瓶、锻炼口腔肌肉非常有帮助。不过出于安全考虑，一定要在宝宝能够独坐之后再尝试。

刚开始尝试时，宝宝对敞口杯的接受度很可能不高，家长可以用鸭嘴杯或吸管杯过渡。另外，最好是带手柄的杯子，以方便宝宝抓握。

引导宝宝使用杯子时，家长可以同时做示范。要注意给孩子的杯子里少倒一些水，不要强求一次喝完，每次一小口就行了。

当宝宝成功尝试用杯子，甚至成功喝到水之后，家长要及时鼓励和表扬，以维持他用杯子喝水的热情。千万不要因为打翻水杯或者弄湿衣服而打击宝宝。

月龄不是宝宝使用杯子的衡量标准。如果宝宝对水杯很抵触，可以过一段时间再让他接触。一定记得要耐心，不要给宝宝压力。

怎么培养宝宝良好的进食习惯?

知识点

· 吃饭要有仪式感,建议宝宝和大人共同进餐。

· 吃饭时要专心,家长应以身作则。

· 注意控制进食时间,鼓励宝宝自主进食。

　　帮宝宝养成良好的进食习惯,在辅食添加初期就要开始了。首先,吃饭要有仪式感,要营造良好的进餐环境。建议宝宝和大人共同进餐,家长可以做出"吃饭好开心"的表情或动作吸引宝宝。

　　需要提醒的是,当宝宝玩得正高兴时,尽量不要用命令的语气强迫他去吃饭,可以温和地告诉他"玩完这个游戏就要去吃饭啦",既让他有一个缓冲的过程,也有助于养成时间观念。

其次,吃饭要专心。家长应以身作则,不能自己边吃饭边玩手机、看电视、聊天,却要求宝宝乖乖坐在餐椅里安安静静吃饭。想要孩子做到,家长要先做好示范。

再次,注意控制进食时间,以 30 分钟左右为宜。如果宝宝不好好吃饭,家长也不要训斥,到了时间停止喂饭即可。两餐之间不要加零食,让孩子自然地体验到饥饿,逐渐建立按时吃饭的秩序感。

最后,鼓励宝宝自主进食。一套好看的餐具,一个可爱的围兜,一把舒服的餐椅,一些便于抓握的食物,配上其乐融融的用餐氛围,孩子自主进食的意愿会加倍。

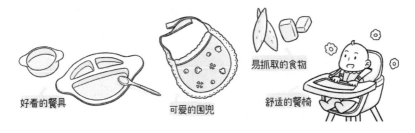

> · 宝宝不能自如吃饭时，会把餐椅搞得狼藉一片，家长要有包容心和耐心。
> · 宝宝每一次尝试舀饭，都能锻炼独立吃饭的能力。
> · 为了避免脏乱的局面，家长可以适当准备一些方便拿取和清理的食物。

知识点

大多数宝宝都希望自己拿着餐具吃饭，但由于还不具备良好的控制餐具的能力，往往会把餐椅弄得一团乱。这需要一次一次地练习，才能实现餐椅整洁。

面对餐椅上的一片狼藉和混乱，家长一定要多包容，耐心地帮宝宝清理。

　　从开始尝试自己吃饭，到熟练地掌握自己吃饭的技巧，这个过程每个宝宝需要的时间不一样，家长要有耐心。在学习的过程中，每一次舀、喂、夹，都能帮助宝宝掌握自己吃饭的技巧。

　　为了避免桌面脏乱，家长可以准备一些易拿取、易清理的食物，比如包子、饺子、面条、蛋糕、面包等，切成小块给宝宝用手拿着吃。

　　能够自己进食与精细动作的发展相关，平时可以玩一些需要动手的游戏，比如手指画、手指玩偶等，帮助宝宝锻炼手部精细动作。

睡前可以给宝宝加餐吗？

知识点

· 睡前给宝宝吃夜宵，对生长发育不利。

· 睡前吃夜宵会使宝宝睡不踏实，影响睡眠质量。

· 如果宝宝已经习惯了吃夜宵，家长应找到方法逐渐改变这种情况。

有的家长认为，睡前给宝宝吃一顿夜宵，可以避免饿醒。其实这种做法对宝宝的生长发育不利。因为宝宝睡着后无法及时消耗夜宵产生的大量能量，易出现营养过剩，导致肥胖。

常吃夜宵　　　　　　进入睡眠　　　　　　容易肥胖

从另一个角度来说，睡前吃夜宵，即使人体休息了，胃肠道却无法得到休息，而是需要一段时间去消化食物，这会使宝宝睡不踏实，影响睡眠质量。

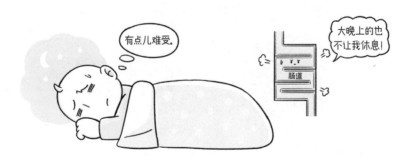

有点儿难受。

大晚上的也不让我休息！

肠道

　　如果宝宝已经形成了吃夜宵的习惯，建议家长循序渐进帮他改变。可以选择热量低的食物，如果宝宝觉得不能满足而哭闹，可以采用讲睡前故事的方式转移他的注意力。

　　还可以把晚餐时间适当延后，但注意不能太晚，以免等同于夜宵。这可以避免睡前饥饿感强烈，待宝宝适应后再逐渐调回正常晚餐时间。

晚餐适当延后　　　　　宝宝不吃夜宵后，恢复晚餐时间

　　家长一定要以身作则，戒掉吃夜宵的习惯。即使不得不夜间加餐，也要避开宝宝，不要让他看到或闻到。

宝宝喜欢边吃边玩，怎么办？

知识点

· 吃饭时要专心，形成良好的饮食习惯。
· 如果宝宝喜欢边吃边玩，可以适当让他体验"饥饿感"。

民以食为天。对宝宝来说，"吃"更是日常生活中的头等大事，也常常成为家长的"焦虑之源"。为了让宝宝好好吃饭，家长常常使出浑身解数，唱歌、跳舞、玩玩具，各种方法齐上阵。

一开始这些办法或许奏效，但时间久了，宝宝会把吃饭和游戏联系在一起，专注力容易受到影响。有些聪明的宝宝甚至会把吃饭作为和家长谈判的筹码，不玩就不吃，吃饭就脱离本质，变味了。

　　因此，吃饭时一定要专心，一家人围坐在餐桌旁，共同完成进餐这件事。不要边吃饭边逗宝宝，不要边吃饭边玩游戏，更不要边吃饭边看电子产品，避免形成不良的进食习惯。

　　要提高宝宝的进食兴趣，家长可以让宝宝坐在自己的餐椅上，准备一套造型别致的餐具，选用色彩鲜艳的蔬果，灵活改变食谱，从感官上吸引宝宝。当宝宝积极吃饭时及时给予鼓励，强化正面行为。

　　如果宝宝依旧边吃边玩，不妨让孩子自然地体验"不按时吃饭"带来的后果。吃饭时间要好好吃，否则两餐之间没有食物可以吃。家长温和而坚定地坚持这种做法，孩子慢慢就能建立起吃饭的秩序感。

宝宝不好好吃饭，怎么办？

知识点
- 宝宝不好好吃饭，多数时候是因为"还不饿"。
- 家长切勿强迫宝宝吃饭。
- 对付不饿的宝宝，最好的办法是让他"适当体验饥饿感"。

在排除疾病因素的前提下，吃饭时间到了宝宝却不想吃饭，大概率是因为还不饿。不饿的原因，常常是零食吃多了。

如果宝宝过度依赖零食，家长一定要及时纠正。不要强迫宝宝吃饭，同时要循序渐进停止提供零食。当宝宝饿了，吵着要零食时，家长可以通过游戏或阅读转移他的注意力，到了饭点自然就能好好吃饭了。

有的宝宝虽然能坐在餐椅上吃饭，但会边吃边吐食物。这种行为背后的原因，多数是宝宝还不饿，可以用"适当体验饥饿感"的方法改善。

还有一个原因是，宝宝觉得一边吃一边吐很好玩。食物在嘴巴里咀嚼过后，吐出来观察甚至揉捏，会让他感受到食物的不同质感。一旦家长阻拦，他会觉得这个游戏更加有趣，甚至乐此不疲。

家长要温和而坚定地告诉宝宝，不可以边吃边吐，不可以浪费食物，这种行为不好。如果宝宝还没办法理解，家长可以减少对这一行为的关注，选择忽视，当宝宝觉得无趣了，自然就会停止了。

还有的宝宝会在吃饭时边吃边扔餐具。其中一个原因仍然是不饿，对策还是让他"适当体验饥饿感"，饿了自然就好好吃饭了。

如果宝宝习惯了边吃边扔餐具，家长可以身体力行做出示范。吃饭时一定要专心，不看电视、玩手机，不闲聊，不到处走动。大道理讲得再多，也没有实际行动有说服力。

准备带吸盘的碗，可以很大程度上避免宝宝把碗掀翻。如果宝宝仍然我行我素，扔了餐具之后，家长可以说"餐具掉地上，饭洒了，就没有食物吃了"，让宝宝体验这一行为带来的后果。

宝宝对食物喜新厌旧，怎么办？

·宝宝对食物喜新厌旧，反映了他拥有迅速适应的能力。

·为了营养全面，家长需要提供丰富的食材，并在食物造型上下功夫。

·面对宝宝的喜新厌旧，不要斥责他。

知识点

与喜欢新玩具一样，有的宝宝倾向于喜欢新食物。这种情况很正常，是宝宝生长过程中普遍存在的现象。

宝宝接触新食物后，对之前经常吃的食物兴趣变小，从某种程度上说，这反映了宝宝拥有迅速适应变化的能力，未尝不是件好事。

179

这并不代表提倡让宝宝一直追求新的食物，毕竟需要全面均衡营养。家长要反思之前给宝宝的食物是否太单调，如果是，宝宝自然会热衷于新的食物，这种情况需要丰富宝宝的饮食种类。

为了保证营养全面，家长可以每餐合理搭配新旧食物，并在食物造型上多花一些心思，比如将食物做成不同的动物造型，吸引宝宝进食。

家长一定要沉住气，面对宝宝对食物的喜新厌旧，不要斥责他，否则只会加剧问题，并不能解决问题。

·宝宝饿了，可能是真饿，也可能是感到焦虑了。

·不要把食物当作奖励或惩罚。

·培养正确的饮食认知，需要家长和宝宝共同努力。

当宝宝说饿时，家长可以根据情况大致判断一下宝宝是真饿了，还是在寻求安慰。真的饿了，就给宝宝食物；如果不是真饿，只是为了打发时间或缓解焦虑，家长就要想办法帮助宝宝排解。

如果宝宝只是感到无聊，可以安排亲子游戏、亲子阅读，或者去户外、游乐场玩耍，对食物的依赖自然会减轻。如果宝宝有紧张焦虑等情绪，可以给他爱的抱抱或鼓励，等他平复情绪后，再通过游戏等转移注意力。

为了避免宝宝把食物当作安慰，日常生活中，家长要注意规避一些不恰当的教育方式。比如，不要把食物当作奖励或者惩罚，这容易给宝宝造成食物是一种玩具的错觉，不利于形成正确的饮食认知。

家长要以身作则，给宝宝做出好的行为示范。休闲时间不要边吃零食边看电视，更不要边吃零食边陪宝宝做游戏。

养成良好的饮食习惯，需要家长和宝宝共同努力。值得提醒的是，当宝宝持续胃口增大，且伴随小便次数增多，经常口干舌燥，但体重不升反降，家长要及时带宝宝就医。

宝宝吃饭慢吞吞，怎么办？

- 宝宝吃饭慢，要具体情况具体分析。
- 千万不要在宝宝吃饭时施加压力，以免适得其反。

知识点

到三岁左右，多数宝宝可以独立吃饭，但吃饭的速度肯定不及成人。这是因为，宝宝手指的灵活度有待提升，使用勺子等餐具时还没有那么自如，耗费的时间自然相对较长。

面对这种情况，家长不必心急，也不用干涉，可以耐心地给宝宝做出示范，引导他更加省力、自如地使用餐具。假以时日，宝宝会取得长足的进步。

还有的宝宝吃饭慢是习惯细嚼慢咽，要把食物充分咀嚼后再吞咽。这个习惯值得肯定，有利于培养健康的饮食态度，家长不用过多干预。

但如果因为其他事情耽误了吃饭，比如边吃饭边玩玩具、看电视、玩手机、玩游戏等，家长应及时消除这些因素的影响，营造良好的进餐环境，加快宝宝进食速度。

需要提醒的是，无论何种情况，都不要为了让宝宝吃饭就施加各种压力，威逼或者利诱。一旦吃饭变成了一种负担，甚至谈判的筹码，餐桌就成了家长和孩子争夺权力的战场，反而会适得其反。

· 培养餐桌礼仪是一个循序渐进的过程。
· 尽量不边吃边说,避免餐桌狼藉,注意控制吃饭时间。

　　想要孩子举止得体、礼貌用餐,从五六岁开始就可以培养餐桌礼仪了。当然啦,这绝不是一天养成的,这是一个循序渐进的过程。

　　首先,尽量不要边吃边说,尤其是含着饭说话。五六岁的孩子,表达欲望更加强烈,聊到感兴趣的话题常常口若悬河、滔滔不绝。

强行不让孩子说话，可能会打击孩子表达的积极性，不可取。可以告诉孩子进餐时边吃边说是不礼貌的行为，同时在其他适宜的场合引导孩子释放自己的表达欲，比如玩亲子游戏时。

当然，家长首先要自己做到不边吃边说，尽量少说话，以身作则，为孩子营造安静的就餐环境。

其次，避免餐桌一片狼藉。五六岁的孩子虽然已经能够比较熟练地使用餐具，但偶尔也会不小心把饭菜弄洒。随着手部精细动作的发育，这种失误会越来越少。

家长可以做一些准备工作，比如铺餐垫、戴围兜等，最大限度确保餐桌整洁。一旦饭菜撒落，家长也不要斥责，可以温和平静地邀请孩子一起清理干净。

再次，注意控制吃饭时间。进餐时间以 20~30 分钟为宜，如果孩子一直拖拉，家长不妨自己先吃完，然后走开忙其他的事情，孩子或许会加快吃饭速度。

还要提醒家长，尽量不要在两餐之间给孩子吃零食，一定要吃也要控制好量，以不耽误下一顿饭为原则。还可以和孩子约定好进餐时间，到了时间就收拾餐桌，让孩子自然体验到"不按时吃饭"的后果。

带宝宝外出就餐，需要注意什么？

知识点

· 对于带宝宝外出就餐，餐厅环境非常重要，会直接影响宝宝情绪。

· 餐厅等位情况、是否配备餐椅、服务态度等也需要考虑。

· 带宝宝外出就餐，一定要随时关注宝宝的情绪。

餐厅的环境直接影响孩子就餐时的情绪，家长要提前考虑。嘈杂的声音会让宝宝紧张，卫生差易造成胃肠不适，油烟大会刺激呼吸道。

家长还要考虑餐厅是否配备餐椅，餐椅的大小、放置的空间也不能忽略。餐椅太小，宝宝受束缚；餐椅太大，不安全；座位太密集，餐椅放在过道或挤着，容易被打扰或打扰其他人。

　　还要考虑餐厅的等位情况，就餐高峰期要提前到店，避免长时间等待。如果对餐厅比较熟悉，可以提前点菜；如果不能，尽量点耗时短的饭菜，以免宝宝不耐烦。

　　服务态度也是需要考虑的因素。最好带宝宝去大人之前去过的、证实服务态度好的餐厅；如果是新餐厅，建议先通过线上、朋友、实地考察等各种渠道提前了解。

　　带宝宝外出就餐，一定要随时关注宝宝的情绪。即使与朋友聊天，也要跟宝宝说说话。如果他出现烦躁、哭闹等情况，无法就地安抚，可以先行带宝宝离开，不要强迫他。

希望每个宝宝
都能得到科学的喂养，
我愿与您一起
帮助宝宝健康成长！

崔玉涛